Hari Krishna Garg

Engenharia Genética: Da teoria à prática

Hari Krishna Garg

Engenharia Genética: Da teoria à prática

Alquimia Genética: Transformando a Ciência nos Laboratórios

ScienciaScripts

Imprint

Any brand names and product names mentioned in this book are subject to trademark, brand or patent protection and are trademarks or registered trademarks of their respective holders. The use of brand names, product names, common names, trade names, product descriptions etc. even without a particular marking in this work is in no way to be construed to mean that such names may be regarded as unrestricted in respect of trademark and brand protection legislation and could thus be used by anyone.

Cover image: www.ingimage.com

This book is a translation from the original published under ISBN 978-620-7-99657-5.

Publisher:
Sciencia Scripts
is a trademark of
Dodo Books Indian Ocean Ltd. and OmniScriptum S.R.L publishing group

120 High Road, East Finchley, London, N2 9ED, United Kingdom
Str. Armeneasca 28/1, office 1, Chisinau MD-2012, Republic of Moldova, Europe
Printed at: see last page
ISBN: 978-620-7-97822-9

Técnicas laboratoriais em Engenharia genética

Dr. H.K. Garg

Professor
Departamento de Biotecnologia
Instituto para a Excelência no Ensino Superior, Bhopal

Índice

Purificação de ARN do sangue

A extração de ARN é uma técnica utilizada para isolar o ARN de amostras biológicas. Trata-se de um processo difícil devido à presença de enzimas ribonuclease, que podem decompor rapidamente o ARN. O método mais comum utilizado é a extração TRIzol, que começa com um tubo BD Vacutainer Yellow-Top (tipo A) cheio de sangue humano, aproximadamente igual a 8 mililitros, para produzir cerca de 30 microgramas de ARN. É essencial utilizar tubos e soluções sem RNAse e manter um ambiente limpo, uma vez que o ARN é altamente sensível às RNases e a autoclavagem não as inativa.

Princípio

O método TRIzol baseia-se na utilização de isotiocianato de guanidínio, um poderoso desnaturante de proteínas, e fenol/clorofórmio ácido para separar o ARN dos outros componentes da amostra. Manter o pH baixo para que apenas o ARN seja separado na fase aquosa; caso contrário, a um pH neutro, o ADN será separado.

Estoque

1. IOxRBCLysisBuffer
    $10.0gKHCO_3$
    2,0 ml de EDTA 0,5 M
    89,9 g NH_4 Cl

*   Num recipiente grande, dissolver 10,0 g de $KHCO_3$, 2,0 ml de EDTA 0,5 M e 89,9 g de NH_4 Cl em cerca de 800 ml de ddHO.
*   Ajustar o pH da solução para 7,3, adicionando ou

removendo ddHO, conforme necessário.

- Misturar bem a solução.

- Transferir a solução para um frasco bem fechado e conservar a 2-8° C durante um período máximo de 6 meses.

2. IxRBCLysisBuffer

- Tomar a solução-mãe 10x e diluí-la 1:10 com ddHO.
- Armazenar a solução à temperatura ambiente até 1 semana.

3. Reagente TRIzol ou Reagente RNA STAT-60:

Adquirir o reagente TRIzol (Invitrogen Life Technologies, Cat No. 15596018) ou o reagente RNA STAT-60 (Tel-Test, Cat No. CS-111).

4. Outros reagentes

- Solução salina tamponada com fosfato (PBS)
- Isopropanol (2-propanol)
- Etanol
- Água sem RNAse
- RNAse-Away (uma solução de limpeza para neutralizar RNAses em equipamento de laboratório).

Procedimento

1. Recolher uma amostra de sangue e transferi-la para um tubo de centrifugação cónico de polipropileno de 50 ml. Ajustar o volume da amostra para 45 ml, adicionando o tampão de lise de hemácias.
2. Deixar a amostra repousar à temperatura ambiente

durante 10 minutos.

3. Pelletizar as células a 600 xg durante 10 minutos utilizando uma centrifugadora. Retirar o sobrenadante e ressuspender suavemente o pellet em 1 ml de RBC Lysis Buffer.

4. Transferir o sedimento ressuspenso para um tubo de microcentrifugação de 1,5 ml.

5. Pelletizar as células durante 2 minutos à temperatura ambiente utilizando uma microcentrifugadora. Remover o sobrenadante e ressuspender o pellet em 1 ml de DPBS estéril.

6. Pelletizar novamente as células e remover o sobrenadante.

7. Adicionar 1200 µl de solução TRIzol a cada tubo e ressuspender as células. Adicionar 0,2 ml de clorofórmio (CHCl3) e agitar em vórtice cada tubo durante 15 segundos.

8. Centrifugar as amostras a 13 000 rpm durante 10 minutos a 4° C. Transferir a fase superior para um tubo de microcentrifugação limpo.

9. Retirar ~20% da fase superior para futura recolha de micro-ARN. Adicionar um volume igual de isopropanol frio à fase superior restante e misturar por inversão.

10. Armazenar as amostras num congelador a -20° C para precipitação.

11. Centrifugar novamente as amostras a 13.000 rpm durante 10 minutos a 4° C. Retirar o sobrenadante e lavar o sedimento com 0,5 ml de etanol a 75% gelado.

12. Centrifugar novamente as amostras. Retirar o sobrenadante e o líquido remanescente no fundo do tubo

com uma pipeta.

13. Deixar secar o sedimento durante 5 a 10 minutos. Dissolver o sedimento de ARN adicionando 20 µl de H_2O sem RNAse a cada amostra.

14. Medir a concentração de ARN no prazo de 2 horas após a eluição e armazenar a -80° C.

Nota: A solução-mãe de RBC Lysis Buffer é estável durante 1 semana à temperatura ambiente e a solução de ARN é estável durante 6 meses a 2-8° C num frasco bem fechado.

Vantagens

TRIZol ou Tri é um reagente popular utilizado para a extração de ARN. As vantagens da utilização deste reagente incluem a combinação de fenol e isotiocianato de guanidina, que proporciona os benefícios de ambos os reagentes. Esta combinação remove eficazmente as proteínas e o ADN, mas o sucesso da extração depende em grande medida das capacidades de pipetagem do utilizador. Além disso, o ARN é protegido durante o processo de extração.

Desvantagens

No entanto, existem também algumas desvantagens na utilização de TRIzol ou Tri. O processo de extração depende fortemente das capacidades de pipetagem do utilizador e qualquer perturbação das fases pode resultar em contaminação. Além disso, o fenol e o clorofórmio são reagentes nocivos que devem ser manuseados com precaução, por exemplo, sob um exaustor. Por último, este método de isolamento de ARN pode não ser adequado para algumas amostras, como o ARN de baixo rendimento ou degradado.

Purificação por afinidade do ARN total

A purificação por afinidade do ARN total consiste em isolar ARNm de alta qualidade para posterior utilização em técnicas de biologia molecular. O princípio subjacente a esta técnica é a seleção por afinidade do ARNm poliadenilado utilizando oligodesoxitimidilato [Oligo (dT)]. Em termos simples, isto significa que o processo utiliza um tipo específico de molécula, o oligodesoxitimidilato, para selecionar e purificar o ARNm que tem uma cauda poliadenilada. Isto permite o isolamento de ARNm de alta qualidade para posterior utilização em técnicas de biologia molecular.

O primeiro passo neste processo consiste em extrair o ARN total da amostra de interesse. Este ARN contém ARNm e ARN não codificante. Em seguida, o ARN extraído é misturado com oligodesoxitimidilato, que se liga especificamente ao ARNm poliadenilado. A mistura é então passada através de uma coluna que separa o ARNm ligado ao oligodesoxitimidilato do resto do ARN. Finalmente, a coluna é lavada para remover quaisquer contaminantes e o ARNm purificado é eluído, ou libertado, da coluna. Este ARNm de alta qualidade está então pronto para ser utilizado em técnicas de biologia molecular, como a construção de bibliotecas de ADNc.

Estoque

Para efetuar este procedimento, são necessários vários materiais. É crucial que todos os materiais utilizados neste processo sejam estéreis e de grau de biologia molecular, incluindo:

- Água sem RNase

- SDS
- Oligodeoxitimidilato-Celulose [oligo (dT)
- Lã de vidro sem RNase
- Pipetas Pasteur

- NaCl 5M
- 3M Acetato de sódio pH-6,0
- Álcool absoluto, etanol a 70%
- Tampão de carga
- Tampão de eluição
- Tampão de reciclagem.

Todas as soluções que contenham Tris devem ser preparadas com água isenta de RNase e autoclavadas, enquanto todas as outras soluções devem ser tratadas com pirocarbonato de dietilo (DEPC) e autoclavadas, à exceção do Tris, que inativa o DEPC.

Para preparar água isenta de RNase, adicionar 0,1% de DEPC à água, deixar repousar durante a noite a 37° C e depois autoclavar para destruir a atividade residual de DEPC. O SDS deve ser pesado num exaustor, uma vez que é perigoso se for inalado. Prepara-se normalmente uma solução-mãe a 10%, mas é instável se for autoclavada, pelo que deve ser aquecida a 65° C durante 2 horas para destruir qualquer atividade residual de RNase. A celulose Oligo (dT) deve ser adquirida comercialmente e suspensa em tampão de carga a uma concentração de 5 mg/1 ml. Deve ser armazenada seca a 4° C ou em suspensão no tampão de carregamento a -20° C. A lã de vidro e as pipetas de Pasteur devem ser embrulhadas em folha de alumínio e cozidas a 200° C durante 2 a 4 horas para remover qualquer atividade de RNase. Os restantes materiais devem ser armazenados da seguinte forma:

- NaCl 5M (conservar à temperatura ambiente).
- Acetato de sódio 3M pH-6 (conservar à temperatura ambiente).
- Álcool absoluto (Armazenar a -20° C).
- Etanol a 70% (Preparar esta solução utilizando água tratada com DEPC. Armazenar a 4° C).
- Tampão de carregamento (0,5 M NaCl em 0,5% SDS, 1 mM EDTA, 10 mM Tris-HCl - pH 7,5 Armazenar à temperatura ambiente).
- Tampão de eluição (1 mM EDTA, 10 mM Tris-HCl - pH 7,5. O tampão pode ser armazenado à temperatura ambiente, mas deve ser pré-aquecido a 65° C antes da utilização).
- Tampão de reciclagem (NaOH 0,1 M, que deve ser preparado imediatamente antes da utilização e utilizado fresco).

Note-se que este método depende da pureza das amostras e pode não funcionar com ARN de baixo rendimento ou degradado. Além disso, ao manusear o DEPC, devem ser usadas luvas, uma vez que as mãos são uma fonte importante de atividade de RNase, e o DEPC é um agente cancerígeno que deve ser manuseado numa hotte com extremo cuidado.

Procedimento

Etapa 1: Preparação de uma coluna Oligo (dT):

1. Pegar na seringa e retirar o êmbolo.
2. Encher a base da seringa com lã de vidro.
3. Utilizar uma pipeta de Pasteur esterilizada e sem RNase e

adicionar a celulose oligo(dT) sobre a lã de vidro.

4.   A celulose oligo(dT) formará uma coluna por cima da lã de vidro.

5.   A coluna Oligo (dT) está agora pronta a ser utilizada.

Etapa 2: Isolamento do ARN poli (A+)

1.   Ressuspender o sedimento de ARN em tampão de carga.
2.   Aquecer o sedimento de ARN para o desnaturar.
3.   Carregar o ARN desnaturado na coluna de oligo (dT).
4.   Lavar a coluna para remover qualquer ARN não ligado.
 5.   Adicionar tampão de eluição à coluna para recuperar o ARNm poli (A+) ligado.
6.   Precipitar e lavar o mRNA para obter mRNA puro e intacto.

Vantagens

1.   Eliminação de solventes orgânicos.
2.   Compatível com uma variedade de tipos de amostras.
3.   Tratamento com DNase para eliminar o ADN genómico contaminante.

Desvantagens

1.   Pode ser menos eficiente na obtenção de ARN.
2.   Mais caro do que outros métodos.

Isolamento de genes

O isolamento de genes é um processo em biologia molecular e genética que envolve a separação de um único gene da sua sequência de ADN circundante no genoma. O objetivo do isolamento de genes é obter uma cópia pura e funcional de um gene, que pode então ser estudado, manipulado ou expresso in vitro. O processo de isolamento de genes pode envolver uma variedade de técnicas, incluindo a análise de enzimas de restrição, PCR e hibridação, e pode ser utilizado para estudar a função de genes específicos ou para desenvolver novas terapias para doenças genéticas.

Extração e purificação de ADN

O ADN é um elemento crucial na biologia molecular e pode ser encontrado em várias fontes, incluindo tecidos humanos, sangue, cabelo, folhas, bactérias, insectos e muito mais. A extração de ADN é um processo de recolha de ADN de células ou tecidos de interesse. Esta técnica é o primeiro passo no estudo de sequências específicas de ADN, estrutura genómica, impressão digital de ADN, polimorfismo de comprimento de fragmentos de restrição (RFLP) e análise PCR.

A extração de ADN é efectuada através de diferentes métodos, tais como métodos mecânicos em que as células são misturadas para libertar o ADN, métodos químicos em que são utilizados detergentes ou enzimas para romper a membrana celular ou métodos físicos em que é utilizada a centrifugação para separar o ADN. Além destes, existem vários métodos que podem ser utilizados para efetuar a extração de ADN, como a extração orgânica, a salga, a separação magnética e a tecnologia à base de sílica. A escolha do método depende de factores como o tipo de tecido, a concentração de ADN, o número de amostras, a segurança e o custo.

Após a extração, o ADN é purificado para eliminar quaisquer contaminantes que possam ainda estar presentes. Isto é feito através de métodos como a precipitação com etanol, a purificação em coluna ou a cromatografia de exclusão de tamanho. O ADN final purificado é então armazenado numa solução tampão a baixa temperatura para utilização futura.

Existem várias técnicas utilizadas para a extração de ADN, mas todas elas incluem os seguintes processos fundamentais:

1. Lise celular: É a quebra da estrutura celular, que liberta longas cadeias de ADN. Dependendo da fonte, a lise celular pode ser efectuada quimicamente, fisicamente ou através de uma combinação de ambos. Por exemplo, as paredes celulares das amostras de plantas e bactérias são quebradas através da aplicação de força física, enquanto que noutras fontes são utilizados agentes químicos como a lisozima, o EDTA e detergentes para a lise.

2. Eliminação dos lípidos das membranas: Após a lise, o ADN é processado para remover outros contaminantes antes da extração dos lípidos da membrana. Para o efeito, procede-se à lavagem do ADN.

3. Desnaturação e remoção de proteínas: As proteínas podem interferir com as experiências de biologia molecular, pelo que são desnaturadas e removidas utilizando uma enzima

chamada protease.

4. Remoção de elementos celulares adicionais: Através de repetidos processos de lavagem, outros componentes biológicos são separados do ADN.

5. Desnaturação e remoção do ARN: O ARN é um contaminante significativo do ADN, pelo que é desnaturado e removido com uma enzima chamada RNase.

6. Eluição e armazenamento do ADN: O ADN purificado é eluído numa solução tampão alcalina ou em água bidestilada e armazenado a -20° C para utilização futura.

Estoque

Química

Tetraacetato de etilenodiamina (EDTA), NaOH, Tris-HCl, sacarose, $MgCl_2$, Triton X100, dodecilsulfato de sódio (SDS), NaCl, perclorato de sódio, tampão TE ou água bidestilada, clorofórmio frio, etanol frio.

Preparação de soluções

1. 0,5M EDTA, pH 8,0

    Adicionar 146,1 g de EDTA anidro a 800 ml de água destilada. Ajustar o pH a 8,0 com NaOH (cerca de 20 g). Completar o volume para 1 L com água destilada.

2. 1 M Tris-HCl, pH 7,6

    Dissolver 121,1 g de base Tris em 800 ml de água destilada. Ajustar o pH com HCl concentrado (cerca de 60 ml). Completar o volume para 1 L com água destilada.

3. Reagente A (solução de lise de glóbulos vermelhos)

0,01M Tris-HCl (pH 7,4), 320 mM Sacarose, 5 mM $MgCl_2$, e 1% Triton X100.

Adicionar 10 ml de Tris 1 M a 109,54 g de sacarose, 0,47 g de $MgCl_2$ e 10 ml de Triton X100 a 800 de água destilada. Ajustar o pH a 8,0; completar o volume a 1 L com água destilada.

4. Reagente B (solução de lise de glóbulos brancos)

0,4 M Tris-HCl, 150 mM NaCl, 0,06 M EDTA, 1% SDS, pH 8,0.

Tomar 400 ml de Tris 1 M (pH 7,6), 120 ml de EDTA 0,5 M (pH 8,0), 8,75 g de NaCl, ajustar o pH a 8,0 com NaOH. Completar o volume para 1 L com água destilada. Autoclavar a 15 psi durante 15 min. Após a autoclavagem da mistura, adicionar 10 g de SDS.

Procedimento

1. Obter 3 ml de sangue total e colocá-lo num tubo falcon de 15 ml.
2. Adicionar 12 ml de reagente A ao tubo e misturar durante 4 minutos utilizando um misturador de sangue rolante ou rotativo à temperatura ambiente.
3. Centrifugar a mistura a 3000 g durante 5 minutos à temperatura ambiente.
4. Eliminar o sobrenadante sem perturbar o grânulo de células e remover qualquer humidade remanescente através de uma compressa em papel absorvente.
5. Adicionar o reagente B e 250 µL de NaCl 5 M ao tubo e

misturar invertendo várias vezes.

6. Colocar a mistura num banho de água a 65° C durante 15 a 20 minutos.

7. Adicionar 2 ml de clorofórmio gelado e misturar num agitador durante 20 minutos.

8. Centrifugar a mistura a 2400 g durante 2 minutos.

9. Transferir a fase superior para um tubo falcon limpo, utilizando uma pipeta esterilizada.

10. Adicionar 2 a 3 ml de etanol gelado ao tubo e inverter suavemente para permitir a precipitação do ADN. Se necessário, adicionar mais etanol.

11. Utilizando uma pipeta Pasteur limpa, colocar o ADN na extremidade em forma de gancho e transferir para um tubo de microcentrifugação de 1,5 ml.

12. Centrifugar o tubo de microcentrifugação a 6000 rpm durante 5 minutos.

13. Retirar cuidadosamente o sobrenadante (camada de etanol) sem romper o sedimento de ADN e deixar secar.

14. Ressuspender o ADN em 200 µL de tampão TE ou água duplamente distal e rotular.

15. Determinar o rendimento e a pureza do ácido nucleico extraído, se necessário. Os resultados devem mostrar uma precipitação turva, que representa o ADN genómico isolado, visível a olho nu.

Método alternativo

Etapa 1: Lise

- Adicionar o tampão de lise à amostra de sangue
- O tampão de lise rompe os glóbulos vermelhos e liberta o

ADN para a solução

Etapa 2: Precipitação

*   Adicionar álcool (como etanol ou isopropanol) à amostra de sangue lisado
*   O ADN precipitará da solução e pode ser recolhido por centrifugação

Etapa 3: Lavagem

*   Lavar o sedimento de ADN com um tampão para remover os contaminantes restantes

Etapa 4: Ressuspensão

*   Ressuspender o ADN purificado num tampão à escolha

Etapa 5: Quantificação

*   Quantificar o ADN purificado por espetrofotometria ou fluorometria.

Método alternativo para extrair ADN genómico de lagarto

Estoque

1. SE
    Cloreto de sódio (75 mM)1M 37,5 ml
    EDTA (25 mM) 500 Mm 25,0 ml
    Água destilada 437,5 ml

2. Acetato de sódio 3M
    Acetato de sódio 24,6 gm
    Água destilada 100,0 ml
    (ajustar o pH a 5,2 com ácido acético glacial)

3. RTE

Tris(pH8.0)(10mM) 1M5.0 ml

Cloreto de sódio (100 mM) 1M50ml

EDTA (pH 8,0) (25 mM) 500 mM 25 ml

Água destilada 420 ml

4. TE

Tris (pH 8,0) (10 mM) 1M1ml

EDTA (1 mM) 500 mM 0,2 ml

Água destilada 98,8 ml

5. SDS10% e ProteinaseK(10 mg/ml)
6. Fenol saturado destilado e tamponado
7. Fenol-clorofórmio-álcool isoamílico (25:24:1)
8. Álcool absoluto
9. Etanol 70%, pré-refrigerado a - 20oC

Material de laboratório

1. Homogeneizador
2. Micropipetas
3. Pontas de pipetas
4. Tubos de centrifugação
5. Eppendorftubes
6. Roupa de queijo

Procedimento

1. Homogeneizar um embrião Calotes a 4° C em SE (tampão sal-EDTA).
2. Centrifugar a amostra homogeneizada a 4000 rpm durante 10 minutos a 4° C e, em seguida, eliminar o excesso de líquido.
3. Pedissolver a partícula restante em 20 ml de tampão TEN

(Tris-EDTA-NaCl) à temperatura ambiente.

4. Adicionar SDS (dodecil sulfato de sódio) à mistura até uma concentração final de 1% e proteinase K até uma concentração final de 100 ug/ml.
5. Incubar a mistura a 37° C durante uma noite.
6. Adicionar uma quantidade igual de fenol à mistura, agitar num misturador vortex durante 15 minutos, depois centrifugar durante 10 minutos a 12000 rpm.
7. Transferir a fase aquosa do passo anterior para um novo tubo e adicionar um volume igual de fenol, clorofórmio e álcool isoamílico. Centrifugar e deitar fora a fase orgânica.
8. Repetir o passo anterior para purificar ainda mais o ADN.
9. Adicionar um volume igual de clorofórmio-álcool isoamílico à fase aquosa, transferir a fase aquosa para um novo tubo após centrifugação.
10. Combinar 1/30 de volume de acetato de sódio (3M) com 2 volumes de etanol a 100% e manter a -20° C durante 1 hora.
11. Transferir o ADN precipitado para um novo tubo Eppendorf contendo etanol a 70% (refrigerado a -20° C).
12. Centrifugar brevemente o tubo, extrair o máximo possível do álcool restante, liofilizar o ADN e dissolvê-lo em tampão TE (Tris-EDTA).

Método alternativo

Etapa 1: Recolha de tecidos

- Obter amostras de tecidos frescos ou congelados do lagarto, como sangue, músculo ou fígado.
- Armazenar as amostras de tecido num recipiente limpo e

esterilizado.

Etapa 2: Lise

- Homogeneizar as amostras de tecido utilizando um homogeneizador mecânico ou um tampão de lise química.
- Assegurar que o tecido é completamente lisado para libertar o conteúdo celular, incluindo o ADN.

Etapa 3: Remoção dos detritos das células

- Centrifugar o lisado para separar os detritos celulares do sobrenadante que contém ADN.
- Verter cuidadosamente o sobrenadante, deixando para trás os detritos celulares.

Etapa 4: Purificação do ADN

- Utilizar um kit de purificação de ADN ou a precipitação com etanol para purificar o ADN do sobrenadante.
- Seguir as instruções fornecidas com o kit de purificação de ADN ou consultar os protocolos adequados para a precipitação com etanol.

Etapa 5: Qualidade e quantidade de ADN

- Verificar a qualidade e a quantidade do ADN purificado utilizando métodos como a espetrofotometria, a eletroforese em gel ou a PCR.

- Assegurar que o ADN purificado é de qualidade e quantidade suficientes para a utilização pretendida.

Notas

O protocolo específico pode variar consoante a origem do tecido e o kit de purificação de ADN utilizado. Para evitar a contaminação cruzada, tomar as devidas precauções e manter condições estéreis durante todo o processo de extração.

Isolamento do ADN celular

Estoque

- Endosperma de coco
- Cloreto de sódio
- Citrato de sódio
- Argamassa e pilão
- Tubos de centrifugação
- Álcool absoluto

Procedimento

1. Triturar 200 mg de tecido (endosperma de coco, baço, coração, testículo ou rim) numa solução salina de citrato (85 ml de solução de cloreto de sódio a 0,9% e 15 ml de solução de citrato de sódio a 0,5% com pH 7,4).
2. Transferir o homogenato para um tubo de centrifugação, completar o volume para 10 ml com solução salina de citrato.
3. Centrifugar a 3000 rpm durante 8 minutos, descartar o sobrenadante.
4. Voltar a homogeneizar o sedimento com 5 ml de solução salina de citrato, ajustar o volume para 10 ml, repetir o processo de centrifugação durante 8 minutos e rejeitar o sobrenadante.
5. Suspender o sedimento em cloreto de sódio a 12% e centrifugar a 10.000 rpm durante 15 minutos numa centrifugadora refrigerada.
6. Transferir o sobrenadante para um tubo de ensaio de 30 ml,

adicionar 2-3 volumes de álcool absoluto e misturar suavemente.

7. Recolher o ADN fibroso branco, enrolando-o à volta de uma vareta de vidro limpa.

8. Transferir o ADN para um tubo Eppendorf de 1,5 ml, adicionar 1 ml de álcool a 70%, centrifugar a 1000 rpm durante 5 minutos e eliminar o sobrenadante.

9. Secar o sedimento de ADN; dissolver em 2 ml de água destilada, medir a densidade ótica a 260 nm de comprimento de onda num espetrofotómetro.

Extração de ADN de plantas de morangueiro

O processo de isolamento de ADN genómico puro de tecidos vegetais é crucial para o estudo da genética vegetal e para a introdução de alterações nos genes e vias metabólicas das plantas. Este processo é diferente da extração de ADN de fontes animais devido à presença de uma parede celular de celulose resistente e de uma molécula de ADN maior.

O objetivo do processo de isolamento é obter ADN puro e de alta qualidade sem qualquer material celular ou degradação. Para o conseguir, a parede celular e as membranas celulares têm de ser quebradas através de métodos mecânicos ou não mecânicos. Os métodos mecânicos utilizam a força física para abrir a parede celular, enquanto os métodos não mecânicos utilizam enzimas ou produtos químicos juntamente com a força física para quebrar os componentes da parede celular.

Uma vez quebrada a parede celular, a membrana celular forma pequenas fissuras, o que permite a utilização de detergentes para quebrar a membrana celular. O ADN é então separado da proteína utilizando isopropanol ou etanol. O produto final é um ADN limpo suspenso num tampão ou em água destilada.

Estoque

Química

1. Morango
2. Solução de extração

3.   96% de etanol ou isopropanol a frio

4.   Tampão TE ou água bidestilada.

5.   Preparação da solução de extração

Juntar 100 ml de detergente a 750 ml de água destilada e, em seguida, adicionar 11 g de NaCl. Completar o volume até 1 L com água destilada.

Equipamento e material de vidro

Centrifugadora de microcentrifugação, balança eletrónica, lâmina de barbear, almofariz e pilão, pano de queijo, funil, proveta graduada de 25 ml, copo de 50 ml, tubo de ensaio, tubo de centrifugação, pipeta de Pasteur, micropipeta e pontas.

Procedimento

1.   Retirar as folhas verdes do morangueiro e pesar a planta com uma balança sensível.

2.   Cortar a planta em pedaços pequenos com uma lâmina de barbear limpa.

3.   Misturar a planta picada com a solução de extração durante 5 minutos, utilizando um pilão.

4.   Verter a mistura através de um pano de queijo para um copo limpo.

5.   Pipetar uma pequena quantidade da mistura para um tubo de ensaio e adicionar etanol ou isopropanol frio.

6.   O ADN aparecerá como um fio branco e transparente, que deve ser colocado na extremidade em gancho de uma pipeta Pasteur.

7.   Transferir o ADN para um tubo de centrifugação e centrifugar a 6000 rpm durante 5 minutos.

8. Remover cuidadosamente o sobrenadante (camada de etanol), deixando secar os pellets de ADN.

9. Suspender os sedimentos de ADN em tampão TE ou em água bidestilada.

Resultado

Obtém-se uma precipitação turva, que representa o ADN isolado.

Isolamento de ADN de bananas

Estoque

- Frutos de bagas carnudas como a banana, as uvas, etc.
- Sabão líquido
- Água destilada
- Sal (NaCl)
- Álcool isopropílico (IPA) gelado
- Colheres de medição
- Vareta de agitação em vidro
- Tubos de ensaio
- Copos de vidro
- Copos de plástico
- Coador ou filtro de café
- Funil

Princípio

O protocolo de extração de ADN envolve a rutura da parede celular, da membrana celular e da membrana nuclear das células vegetais para libertar o ADN para a solução, seguida de precipitação e remoção das biomoléculas contaminantes.

Procedimento

1. Moer um pedaço de banana num almofariz e pilão para formar um puré ou mistura.
2. Adicione 1/2 chávena de água destilada ao puré de banana e transfira a mistura para um copo de vidro.
3. Num copo de plástico ou num saco com fecho de correr,

misture 1 colher de chá de sabão líquido e 1 colher de chá de sal com 2 colheres de sopa de água destilada. Mexa suavemente até o sal e o sabão se dissolverem.

4. Adicione 2 colheres de sopa da mistura de puré de banana ao copo que contém a solução de sal e sabão. Agitar a mistura durante 10-15 minutos com uma vareta de vidro.

5. Filtrar a mistura de frutos através de um coador fino ou de um filtro de café.

6. Arrefecer um tubo de ensaio de IPA, colocando-o num copo com cubos de gelo e água.

7. Utilizando um conta-gotas, adicionar lentamente o filtrado ao IPA refrigerado no tubo de ensaio.

8. Colocar o tubo de ensaio sem perturbações durante 5-6 minutos.

9. O ADN isolado aparecerá como um precipitado branco na camada de álcool.

10. Retire suavemente o ADN com um gancho, um clipe de papel dobrado ou uma vareta de agitação de vidro.

Observação

O ADN precipitará na camada de álcool, aparecendo como um muco branco fibroso.

Resultado

A experiência produziu uma boa quantidade de ADN, tornando-o adequado para utilização em experiências biológicas e aplicações biotecnológicas.

Isolamento de ADN genómico de origem vegetal pelo método CTAB

Estoque

- Folhas jovens e tenras (*Tulsi e Bryophyllum*)
- Argamassa e pilão
- Balão cónico
- Cilindro de medição
- Água destilada
- Brometo de etídio
- Etanol
- Micropipeta
- Centrifugadora
- Unidade de eletroforese
- CTAB tampão
- Banho de água
- Tubo Eppendorf
- CTAB tampão:

    CTAB - 2 g
    Tris HCl (1 M)10 ml
    EDTA(0,5 M)4ml
    NaCl (5 M) 28 ml
    H_2O 40 ml
    PVP 40 1 g

Princípio

O método CTAB utiliza um detergente para abrir as células vegetais e solubilizar o seu conteúdo. O ADN é então extraído do homogenato celular, sendo o ARN removido por RNAase, e o ADN precipitado e lavado em solventes orgânicos antes de ser redissolvido em soluções aquosas.

Procedimento

1. Pegue em folhas jovens e tenras, lave-as com água destilada e triture-as com um almofariz e um pilão.
2. Transferir as folhas em pó para um tubo Eppendorf e adicionar 50 ml de tampão CTAB.
3. Incubar o homogenato de plantas durante 15 minutos a 55° C num banho de água.
4. Após a incubação, centrifugar o tubo a 12.000 rpm durante 5 minutos a 4° C. Transferir o sobrenadante para outro tubo Eppendorf e deitar fora o sedimento.
5. Adicionar 250 ml de fenol: clorofórmio: álcool isomílico (25: 24: 1) e misturar a solução.
6. Girar o tubo a 12.000 rpm durante 1 minuto à temperatura ambiente. Transferir a fase aquosa para outro tubo.
7. Adicionar 500 ml de isopropanol e misturar invertendo o tubo centrifugado a 10.000 rpm durante 5 minutos à temperatura ambiente. Deitar fora o sobrenadante.
8. Adicionar 1 ml de etanol a 70% e misturar com o sedimento, invertendo-o.
9. Centrifugar o tubo a 12.000 rpm durante 1 minuto à temperatura ambiente.
10. Eliminar o sobrenadante e deixar o pellet secar em gelo durante 15 a 30 minutos.
11. Adicionar água destilada para dissolver o ADN.
12. Aquecer a solução de ADN a 65° C durante 20 minutos.

13. Quantificar o ADN e verificar a sua pureza.

14. RuntheDNAonagel.

Resultados

O ADN foi isolado com sucesso das folhas utilizando o método CTAB.

Precauções

- Utilizar folhas macias.
- Evite secar demasiado o ADN, pois pode tornar-se difícil suspender o inTE.
- Manusear o banho-maria com cuidado.
- Pré-refrigerar o tampão CTAB e lavá-lo com etanol a 70% antes de o utilizar.

Isolamento de ADN cromossómico de E. coli utilizando o método da lisozima

Para isolar o ADN cromossómico, é necessário romper as barreiras mecânicas das células bacterianas, incluindo a membrana plasmática, a parede celular e a membrana externa das bactérias gram-negativas. Nesta experiência, é utilizado um tampão Tris com EDTA para tornar as células isotónicas e evitar que rebentem. O tratamento com lisozima é utilizado para atacar os resíduos de N-acetalglucosamina das paredes celulares bacterianas, tornando a parede celular enfraquecida porosa e expondo os espaços periplasmáticos. O tratamento com SDS é utilizado para dissociar a membrana celular, seguido de tratamento com fenolclorofórmio para desnaturar as proteínas e separar as fases orgânicas aquosas. O isopropanol refrigerado é utilizado para precipitar o ADN da fase aquosa e a reprecipitação com etanol a 70% é efectuada para eliminar os catiões divalentes. O palato de ADN resultante é relativamente puro e é suspenso em tampão Tris-EDTA.

Estoque

- Células de E. coli
- Salina-EDTA
- SDS (dodecil sulfato de sódio)
- Clorofórmio: álcool isoamílico
- Etanol
- Fenol
- Tris-HCl

- NaCl
- PNase

Preparação química

- Tampão TE: Dissolver Tris-HCl e EDTA juntos nas respectivas molaridades para criar uma solução única.
- Tampão TGE: Misturar 25 mM Tris-HCl pH 8,0, 50 mM glucose e 10 mM EDTA.
- 10%SDSdepH6.8-7.2.
- 10 mg/ml de RNase: Pesar 10 mg de ribonuclease pancreática e dissolver em 1 ml de Tris-HCl 100 mM de pH 7,5 contendo NaCl 150 mM. Ferver em banho-maria durante 10 minutos.
- Preparar etanol a 70% (v/v) em água bidestilada autoclavada.
- Refrigerar o isopropanol por refrigeração.
- Lisozima: Dispensar 20 mg de isozima em 5 ml de tampão TGE e manter em gelo até à utilização.
- Preparação de soluções:
- Solução A: Saturar o fenol com 0,1 g de α-hidroxiquinolina e 100 ml de fenol fundido, transferindo em seguida para uma ampola de decantação para permitir a formação de camadas. Remover a camada aquosa que contém Tris-HCl e as impurezas. Recolher a camada de fenol num frasco de cor âmbar.
- Solução B: Misturar clorofórmio e álcool isoamílico na proporção de 24:1.
- Solução C: Misturar as soluções A e B na proporção de 1:1.

Procedimento

1. Cultivar as células E. coli em caldo LB até atingirem a fase logarítmica (indicada por uma absorvância de 0,4). Colher 50 ml de suspensão bacteriana por centrifugação a 10.000 rpm durante 10 minutos. Eliminar cuidadosamente o sobrenadante.

2. Ressuspender o sedimento em 1 ml de tampão TGE. Rodar a mistura a 5.000 rpm durante 5 minutos e remover cuidadosamente o sobrenadante.

3. Adicionar 150 µL de solução de isozima, agitar em vórtex e deixar repousar à temperatura ambiente durante 30 minutos.

4. Adicionar lentamente 30 µL de solução de RNase às paredes dos tubos Eppendorf e incubá-los sem perturbações a 37° C durante 30 minutos.

5. Adicionar lentamente 50 µL de SDS a 10% às paredes dos tubos, misturar suavemente para evitar a formação de espuma e incubar a 37° C durante 2 horas.

6. Adicionar 230 µL de solução C e agitar no vortex durante 2 minutos para misturar bem. Centrifugar a mistura a 10.000 rpm durante 15 minutos a 4° C.

7. Com uma micropipeta, transferir cuidadosamente a fase aquosa sobrenadante para outro tubo. Adicionar um volume igual de isopropanol gelado e misturar bem.

8. Centrifugar a mistura a 10.000 rpm a 4° C durante 10 minutos e rejeitar cuidadosamente o sobrenadante.

9. Adicionar 0,5 ml de etanol a 70% arrefecido ao sedimento para precipitar o ADN. Recuperar o ADN por centrifugação

a 10 000 rpm durante 10 minutos e rejeitar o sobrenadante. Secar o sedimento ao ar.

10. Dissolver o sedimento em 50-100 µL de tampão TE 10 mM e manter a 50° C durante 5 minutos para uma melhor dissolução. Efetuar a eletroforese do ADN isolado num gel de agarose.

Resultado

O método da isozima isolou com sucesso o ADN das bactérias.

Precauções

- Usar luvas durante a realização da experiência.
- Manusear o fenol com cuidado.

Isolamento de ADN plasmídico de bactérias

Os plasmídeos são moléculas circulares de ADN encontradas nas bactérias que transportam informação genética separada do ADN cromossómico. O seu isolamento é importante para a engenharia genética, uma vez que os plasmídeos podem conferir resistência a várias substâncias, atuar como vectores na tecnologia do ADN recombinante e desempenhar um papel na sobrevivência e adaptação das bactérias.

Para isolar o ADN plasmídico, as bactérias são cultivadas num meio adequado de um dia para o outro ou até atingirem uma densidade ótica de 0,6-1,0 a 600 nm, e armazenadas, se necessário, a 4° C. As bactérias são então lisadas com um tampão de lise, lisozima, Tris-HCl, EDTA, NaCl e SDS. A lisozima degrada a parede celular bacteriana, enquanto o Tris-HCl, o EDTA e o NaCl neutralizam a carga e protegem o ADN da degradação por nucleases. O SDS desnatura o ADN cromossómico e torna-o mais acessível à degradação por proteases.

O ADN plasmídico pode ser extraído através de extração com fenol-clorofórmio e precipitação com etanol, seguida de lavagem com etanol a 70% e ressuspensão em tampão TE. O ADN plasmídico purificado pode ser utilizado para outras experiências, como a digestão de restrição.

Estoque

1. Cultura bacteriana

2.   Tampão de lise (por exemplo, lisozima, Tris-HCl, EDTA, NaCl)

3.   Sulfato de sódio dodecílico (SDS)

4.   Fenol-clorofórmio

5.   Isopropanol

Equipamento

1.   Centrifugadora

2.   Tubos de microcentrifugação

Procedimento

1.   Cultivar a cultura bacteriana num meio adequado, como o caldo Luria-Bertani (LB), de um dia para o outro, para atingir uma densidade óptima de bactérias.

2.   Lise as células adicionando um tampão de lise, como uma solução de NaOH, EDTA e SDS, e incubando a mistura a 65° C durante 10 minutos. Isto rompe as paredes das células bacterianas e liberta o ADN do plasmídeo para a solução.

3.   Neutralizar a solução de lise adicionando um tampão de neutralização, como Tris-HCl, para restaurar o pH para 7,0.

4.   Centrifugar a solução de lise a alta velocidade para separar os detritos bacterianos (proteínas e outros contaminantes) do sobrenadante que contém o ADN do plasmídeo.

5.   Precipitar o ADN plasmídico do sobrenadante adicionando um volume igual de isopropanol. O isopropanol fará com que o ADN plasmídico forme uma banda densa, que pode ser recolhida e purificada.

6.   Dialisar o ADN plasmídico para remover o excesso de sais e as impurezas.

7.   Precipitar o ADN plasmídico da solução de diálise

adicionando etanol e acetato de sódio. O ADN plasmídico formará um pellet, que pode ser lavado com etanol a 70% para remover quaisquer impurezas remanescentes.

8. Secar o sedimento de ADN plasmídico e dissolvê-lo num tampão adequado, como o tampão TE, para aplicações a jusante.

Extração de ADN

Método Orgânico

O processo de extração de ADN de um material envolve vários factores importantes, incluindo a eficiência da extração, a quantidade de ADN obtida, a remoção de impurezas e a qualidade e pureza do ADN. Uma técnica comum para a extração de ADN é o método orgânico, também conhecido como método fenol-clorofórmio. Este método é particularmente eficaz para extrair grandes quantidades de ADN de elevado peso molecular, que era necessário para as primeiras técnicas de impressão digital de ADN.

Princípio

O princípio subjacente a este método consiste em misturar uma amostra aquosa com uma solução de fenol e clorofórmio em partes iguais. Após a mistura e a centrifugação, a mistura separa-se em duas camadas distintas - uma fase aquosa na parte superior e uma fase orgânica na parte inferior. Os ácidos nucleicos e outras impurezas permanecem na fase aquosa, enquanto as proteínas passam para a fase orgânica.

Stock (Reagentes)

1. Clorofórmio

2. Etanol

   - Éter (opcional)
   - Solução de ácido nucleico a purificar
   - FenokChloroform (1:1)

- Tris EDTA (pH7,8) (opcional)
- Acetato de sódio 3M pH 5,2 ou acetato de amónio 5 M
- 100% de etanol

Equipamento

1. Pipeta automática equipada com uma ponta descartável
2. Pipetas de grande calibre (facultativo)
3. Tubo de polipropileno
4. Roda rotativa (opcional)

Procedimento

O método por etapas para o método orgânico é o seguinte:

1. Adicionar um volume igual de fenol: clorofórmio à amostra de ácido nucleico. Misturar o conteúdo do tubo para criar uma emulsão.
2. Centrifugar a mistura durante um minuto à temperatura ambiente a 80% da velocidade máxima dos tubos. Transferir a fase aquosa para um novo tubo, rejeitando a fase orgânica e a interface.
3. Repetir os passos 1-4 até que não haja mais proteínas visíveis na interface fase orgânica / fase aquosa.
4. Repetir os passos 2-4 com um volume igual de clorofórmio. Medir o volume da fase aquosa para recuperar o ADN.
5. Adicionar 0,1 volume de acetato de sódio de pH 5,2 com uma concentração final de 0,3 M.
6. Adicionar dois a três litros de etanol a 100% frio. Manter a -20 graus Celsius durante mais de 20 minutos.
7. Centrifugar uma microcentrífuga durante 10 15 minutos à velocidade mais rápida. Decantar cuidadosamente o

sobrenadante.

8. Adicionar 1 cc de etanol a 70% e misturar. Centrifugar rapidamente e decantar o sobrenadante com cuidado.

9. Secar o sedimento com ar ou com um breve vácuo. Ressuspender o sedimento no volume necessário de água bidestilada ou de tampão Tris EDTA.

10. Armazenar e efetuar a quantificação e a utilização prevista

A abordagem discutida tem várias vantagens, sendo uma delas a sua versatilidade na utilização em diferentes amostras. No entanto, também tem algumas limitações, como o facto de ser um processo moroso, ser suscetível de contaminação e representar um risco para o cientista, uma vez que envolve o manuseamento de substâncias perigosas.

Método de absorção de sílica

O método de absorção de sílica é um processo amplamente utilizado para purificar o ADN de diferentes fontes, como sangue, saliva ou tecido vegetal. Este processo envolve várias etapas para isolar o ADN de impurezas como proteínas, lípidos e polissacáridos. Em primeiro lugar, a amostra é lisada utilizando um tampão que contém detergentes para libertar o ADN. Em seguida, o lisado é misturado com uma solução que contém partículas de sílica e concentrações elevadas de sais (que fazem com que o ADN se ligue à sílica em condições específicas, como a utilização de sais e níveis de pH específicos) e as impurezas permanecem na solução. O complexo sílica-DNA é então lavado com um tampão que contém um elevado teor de sal para remover as impurezas. O ADN purificado é finalmente eluído das partículas de sílica através da redução da concentração de sal. O ADN purificado pode então ser verificado quanto à sua qualidade e quantidade.

Existem variações deste método, como a utilização de agentes chaotrópicos para aumentar a eficiência da purificação, e a escolha do tampão, da concentração de sal e do método de eluição pode ter impacto na pureza e no rendimento do ADN purificado. O protocolo pode também ter de ser ajustado para diferentes tipos de amostras, como as amostras FFPE.

É essencial ter cuidado com a contaminação cruzada e tomar medidas adequadas para reduzir o risco de contaminação. Embora o mecanismo exato do método de extração de ADN por sílica não seja totalmente compreendido, continua a ser uma técnica amplamente utilizada em muitos laboratórios.

Estoque

Para efetuar esta técnica, estão disponíveis kits que incluem todos os materiais necessários.

Procedimento

1. Preparar a amostra de ADN para o processo de extração.
2. Passar a amostra por um microcanal.
3. Permitir que o ADN se ligue à sílica no canal.
4. Lavar quaisquer outras moléculas presentes na solução-tampão.
5. Purificar o canal para remover quaisquer contaminantes.
6. Seca-silica.
7. Extrair o ADN utilizando água ou um tampão com baixa concentração de sal.
8. Recolher o ADN na extremidade do canal.

Vantagens

- Rápido
- Fiável
- Rendimento de ADN de alta qualidade

Desvantagens

- Caro
- Interferência de determinadas fontes de amostragem, como pastilhas elásticas.

Método inorgânico

O método não orgânico é uma forma de limpar o ADN ou ARN sem utilizar quaisquer químicos derivados de materiais orgânicos. A chave para este método é adicionar uma enzima específica, Proteinase K, à mistura. Esta enzima ajuda a proteger o ADN ou ARN de outras enzimas, conhecidas como nucleases, que podem quebrar os ácidos nucleicos durante o processo de purificação.

Estoque

Reagentes

- Tampão de digestão (10 mM NaCl, 10 mM TRIS (pH 8,0), 10 mM EDTA (pH 8,0),
- 0,5%SDS
- Proteinase K (20 mg/ml)
- Acetato de sódio pH 5,2 (3M)
- Etanol a 98% gelado
- Etanol a 70% gelado
- 1XTE
- Água
- Tecido

Equipamento

1. Incubadora
2. Centrifugadora
3. Tubos de microcentrifugação esterilizados de 1,5 ml

Procedimento

O método não orgânico inclui:

Etapa 1: Digestão dos tecidos

1. Colocar um tubo de microcentrifugação limpo e adicionar 1,5 ml do tampão de digestão.
2. Calcular a quantidade adequada de proteinase K a adicionar ao tampão com base na fórmula: 5 µl de proteinase K por cada ml de tampão de digestão.
3. Homogeneizar o tecido na solução, misturando.
4. Incubar a mistura durante 1-12 horas a 55° C. Isto pode ser feito durante a noite.
5. Agitar a mistura em vórtice durante um curto período de tempo.
6. Centrifugar a mistura a alta velocidade durante dois minutos a 4° C, rejeitando a camada superior durante o processo.
7. Verter a camada aquosa superior para um novo tubo de microcentrifugação estéril.
8. Deitar fora a camada inferior.

Etapa 2: Precipitação de proteínas e detritos celulares

1. Encher um tubo de microcentrifugação estéril de 1,5 ml com 0,1 volume de acetato de sódio (pH 5,2).
2. Fechar o tubo e invertê-lo para agitar suavemente o conteúdo.
3. Incubar a mistura durante 15 minutos a -20° C.
4. Centrifugar a mistura a alta velocidade durante 20 minutos a 4° C, retirando a camada superior.
5. Transferir a camada aquosa superior para um novo tubo de microcentrifugação estéril.

6.   Deitar fora a camada inferior.

Etapa 3: Precipitação de ácidos nucleicos

1.   Encher um tubo de microcentrifugação estéril de 1,5 ml com 2 volumes de etanol a 98% gelado.
2.   Fechar o tubo e invertê-lo para agitar suavemente o conteúdo.
3.   Incubar a mistura durante 15 minutos a -20° C.
4.   Centrifugar a mistura à velocidade máxima durante 20 minutos a 4° C e rejeitar o sobrenadante.
5.   Adicionar 1 ml de etanol a 98% gelado e agitar brevemente a mistura.
6.   Centrifugar a mistura à velocidade máxima durante cinco minutos à temperatura ambiente e rejeitar o sobrenadante.
7.   Adicionar 1 cc de etanol a 70% gelado e agitar brevemente a mistura.
8.   Centrifugar a mistura à velocidade máxima durante cinco minutos à temperatura ambiente e deitar fora o sobrenadante.
9.   Repetir os passos 7-10 com 1 ml de etanol a 70% gelado (opcional).
10.   Utilizar ar para secar a bilha.
11.   Adicionar 10 µl de 1XTE (opção 1) ou 10 µl de água (opção 2).
12.   Ressuspender o sedimento por agitação ou vortex.

A vantagem deste método inclui a possibilidade de o utilizar na presença de substâncias que decompõem as proteínas, como o SDS e a ureia, bem como com agentes que se ligam a iões metálicos, como o EDTA, e reagentes que interagem com grupos sulfidrilo e enzimas como a tripsina ou a quimotripsina.

Método Chelex

O método Chelex é um processo de preparação do ADN para a PCR, que é um método comummente utilizado para amplificar o ADN. Esta técnica utiliza uma resina especial, chamada Chelex, para proteger o ADN de ser danificado por enzimas chamadas DNAases. Estas enzimas podem fragmentar o ADN, impossibilitando a sua utilização na PCR. A resina Chelex liga-se a elementos essenciais para as DNAases, como iões de magnésio, e desactiva-os, protegendo assim o ADN de danos.

Estoque

- Chelex 300 µL
- Bloco de aquecimento
- ddH2O
- Fórceps esterilizados
- Vórtice
- Tubos de centrifugação

Procedimento

O método de extração do ADN com Chelex é o seguinte

1. Retirar do frigorífico 1 tubo de reserva para controlo e 3 tubos pré-fabricados cheios com 300 L de Chelex a 10%. Manusear o recipiente com luvas e agitar o número desejado de tubos na mão com luvas.
2. Rotular cada tubo de Chelex com o número de amostra a que pertence, a data e as iniciais.
3. Ativar o bloco de aquecimento e pré-ajustá-lo a 95° C.

Deita-se água nas aberturas.

4. Esterilize os fórceps mergulhando-os em etanol e, em seguida, agitando-os sobre a chama de um bico de álcool para que se acendam. Repetir este processo mais duas vezes.

5. Retirar um pequeno pedaço de tecido da amostra com uma pinça esterilizada. Colocar o tecido no tubo Chelex com a etiqueta correta e voltar a fechar a tampa.

6. Repetir o passo 5 para cada amostra, esterilizando as pinças três vezes entre amostras. Criar um controlo Chelex negativo mergulhando as pinças esterilizadas num tubo de pasta Chelex.

7. Agitar em vórtice as amostras na pasta Chelex durante 10 a 15 segundos.

8. Rodar as amostras rapidamente numa microcentrifugadora durante 10-15 segundos.

9. Aquecer as amostras a 95° C durante 20 minutos. Enquanto os tubos estão a incubar, verificar se as tampas não caíram.

10. Agitar novamente as amostras em vórtex durante 10 a 15 segundos.

11. Rodar os tubos rapidamente mais uma vez para garantir que todo o conteúdo se encontra no fundo do tubo de microcentrifugação.

12. As amostras podem agora ser utilizadas para PCR.

Vantagens e desvantagens

O método Chelex tem vantagens como o facto de ser rentável, rápido e seguro, uma vez que não envolve quaisquer produtos químicos perigosos. No entanto, tem alguns inconvenientes, como o facto de não funcionar bem com amostras de sangue, produzir amostras de ADN de má qualidade e não ser adequado para a análise de ADN utilizando o polimorfismo de comprimento de fragmentos de restrição.

Método diferencial

A técnica de extração diferencial é um método utilizado para separar os espermatozóides de outros tipos de células para extração de ADN. Esta técnica, também conhecida como lise diferencial, é normalmente utilizada em casos de agressão sexual para comparar os perfis de ADN do agressor e da vítima. A lise dos espermatozóides é mais difícil do que a de outras células devido à presença de ligações dissulfureto de proteínas na sua membrana externa. O método diferencial inclui várias etapas, nomeadamente uma fase de lavagem opcional, lise de células não espermáticas e lise de células espermáticas.

Princípio

A extração diferencial, também conhecida como lise diferencial, é um método utilizado para separar o ADN de dois tipos diferentes de células sem misturar os seus conteúdos. É normalmente utilizado em investigações forenses de casos de agressão sexual, em que o ADN dos espermatozóides e das células epiteliais vaginais é extraído para comparar os perfis de ADN do agressor e da vítima. A razão pela qual os espermatozóides podem sobreviver melhor ao processo de extração do que as células epiteliais deve-se à presença de ligações dissulfureto de proteínas na membrana externa dos espermatozóides. Estas ligações protegem o ADN de ser danificado durante o processo de extração.

Procedimento

A extração diferencial pode ser executada da seguinte forma:

1. Esta etapa é facultativa e destina-se a remover os poluentes e os resíduos celulares. Para a realizar, adicionar um tampão e detergente à amostra e incubá-la à temperatura ambiente ou num frigorífico. Deitar fora o sobrenadante (fração de lavagem) depois de a amostra ter sido limpa.

2. Misturar a amostra com um tampão de extração que contenha um tampão, detergente e proteinase K. Incubar a mistura para lisar todas as células exceto os espermatozóides. Remover o sobrenadante (fração 1) que contém o ADN das células lisadas e lavar o pellet de esperma com um tampão várias vezes para remover o ADN extra.

3. Incubar os espermatozóides em pelotas com um tampão, detergente, DTT e uma dose mais forte de proteinase K para lisar os espermatozóides. Isto resultará na fração 2.

4. Extrair cada fração, incluindo a fração de lavagem, se necessário, com uma mistura de fenol/clorofórmio/álcool isoamílico para purificar o ADN.

Vantagens e desvantagens

A extração diferencial é um método utilizado na ciência forense para separar o ADN de vários contribuintes numa amostra, como um homem culpado e uma mulher vítima. Este processo é importante porque ajuda a eliminar a confusão e a melhorar a exatidão na identificação das fontes de ADN. Ao seguir as normas de garantia de qualidade, o processo assegura a qualidade da extração do ADN. No entanto, existe uma potencial desvantagem na extração diferencial, uma vez que a cabeça do esperma tem de ser suficientemente forte para suportar o processo de extração, caso contrário os resultados podem não ser fiáveis.

Qualificação de ácidos nucleicos

A qualificação dos ácidos nucleicos refere-se ao processo de caraterização e verificação da pureza e integridade das amostras de ácidos nucleicos, como o ADN ou o ARN. É um passo importante em muitas aplicações de biologia molecular e biotecnologia, como a clonagem, a sequenciação e a análise da expressão genética.

Existem vários métodos que podem ser utilizados para qualificar os ácidos nucleicos, incluindo:

Espectrofotometria

Este método utiliza um espetrofotómetro para medir a absorvância dos ácidos nucleicos em diferentes comprimentos de onda. A razão entre a absorvância a 260 nm e a 280 nm (A260/A280) é utilizada para calcular a pureza dos ácidos nucleicos. Considera-se que um rácio de cerca de 1,8 indica uma amostra pura de ADN, enquanto um rácio de cerca de 2,0 indica uma amostra pura de ARN.

Eletroforese em gel

Este método utiliza a eletroforese em gel de agarose ou poliacrilamida para separar os ácidos nucleicos com base no tamanho e na carga. Os ácidos nucleicos separados podem então ser visualizados sob luz UV após coloração com brometo de etídio ou um corante semelhante. Este método pode ser utilizado para confirmar o tamanho e a integridade dos ácidos nucleicos, bem como para detetar contaminantes, como proteínas ou sais.

Fluorometria

A fluorometria utiliza um fluorómetro para detetar ácidos nucleicos através da medição da sua fluorescência. É um método muito sensível, que pode quantificar a quantidade de ácido nucleico presente numa amostra. Também pode ser utilizado para determinar o rácio entre ácidos nucleicos de cadeia dupla e de cadeia simples, fornecendo informações sobre a integridade e a qualidade da amostra.

PCR quantitativa (qPCR)

A QPCR é um método que utiliza corantes fluorescentes e amplificação por PCR para quantificar ácidos nucleicos. Pode ser utilizado para medir o número de cópias de sequências específicas numa amostra e também para determinar a qualidade e integridade dos ácidos nucleicos.

Outros métodos

Outros métodos, como a filtração em gel, a centrifugação, o ensaio de deslocamento da mobilidade electroforética (EMSA) e outros, podem também ser utilizados para qualificar os ácidos nucleicos.

É importante notar que, dependendo da aplicação a jusante, diferentes métodos podem ser mais adequados para diferentes amostras. Por conseguinte, é importante considerar cuidadosamente o tipo de amostra e a aplicação a jusante ao escolher o(s) método(s) a utilizar para a qualificação de ácidos nucleicos.

Espectrofotometria

Para medir a quantidade de ADN ou ARN numa amostra, os cientistas utilizam um processo chamado quantificação de ácidos nucleicos. Isto é importante porque as reacções que utilizam este tipo de moléculas requerem uma quantidade e pureza específicas para obter os melhores resultados. Existem diferentes métodos para determinar a concentração de ácidos nucleicos, incluindo a espetrofotometria e a fluorescência UV.

A espetrofotometria funciona expondo a amostra à luz ultravioleta e medindo a quantidade de luz que passa através da amostra. A amostra absorve a luz ultravioleta num padrão específico e, quanto mais luz for absorvida, maior é a concentração de ácidos nucleicos na amostra. Esta medição é feita utilizando uma máquina chamada espetrofotómetro e detecta a luz absorvida num comprimento de onda específico de 260 nm.

Princípio

Utilizando a Lei de Beer-Lambert, é possível relacionar a quantidade de luz absorvida com a concentração da molécula absorvente. O coeficiente de extinção, que é a quantidade de luz absorvida, é diferente para diferentes tipos de moléculas. Por exemplo, o ADN de cadeia dupla tem um coeficiente de extinção de 0,020 (µg/ml) -1cm-1 a um comprimento de onda de 260 nm, enquanto o ARN de cadeia simples tem um coeficiente de extinção de 0,025 (µg/ml) -1 cm-1. Isto significa que a concentração da molécula absorvente pode ser calculada com base na quantidade de luz absorvida. Um valor de 1 Absorbância (A) corresponde a uma concentração de 50 µg/ml para ADN de cadeia dupla. No entanto, este método só é válido até um A de 2. Para maior precisão, pode ser feita uma previsão do coeficiente de extinção utilizando o modelo do vizinho mais próximo, especialmente para oligonucleótidos de cadeia simples curtos que dependem do comprimento e da composição de bases.

Estoque

* Espectrofotómetro UV/VIS
* Cuvete de quartzo de 1 ml
* Amostra(s) de ADN
* Tampão TE
* Pipetas de transferência descartáveis de 1 ml em polietileno (Berol) [2 por grupo]
* Tubos Eppendorf (1,5 ml) [2 por grupo]
* Régua
* Toalhetes Kim

Procedimento

Passo 1: Configuração do espetrofotómetro (BeckmanDU64)

1. Ligar o espetrofotómetro na tomada de corrente e certificar-se de que a impressora está ligada e pronta.
2. Ligar a fonte da lâmpada UV e deixá-la aquecer durante 5 minutos.
3. Selecionar o modo de leitura da absorvância (tecla ABS). Premir a tecla SCAN; é apresentado o ecrã "Edit".
4. Introduzir o comprimento de onda inicial como 280 nanómetros (nm) e premir enter. Introduzir o comprimento

de onda final como 260 nm e premir enter.

É apresentada a velocidade de varrimento da amostra. Deverá indicar 750 nm/min. Se não for esse o caso, prima a tecla STEP e percorra as opções até visualizar 750 nm/min. Prima enter.

5. É apresentado o limite superior. Definir o limite superior para 2.000 absorvâncias. Prima enter.

6. É apresentado o limite inferior. Definir o limite inferior para 0,000 de absorvância. Prima enter. O comprimento de onda inicial voltará a aparecer.

   O instrumento está agora pronto para ser calibrado com uma solução de controlo. O objetivo da calibração é medir e subtrair da absorvância das amostras qualquer absorvância da solução-tampão.

7. Colocar 200 microlitros (µL) de tampão TE na cuvete de quartzo. Esta é a solução que irá utilizar para calibrar o instrumento.

8. Abrir a tampa do compartimento de amostras do instrumento. Limpar cuidadosamente a cuvete com um pano Kimwipe e ter cuidado para não deixar impressões digitais nos painéis de quartzo. Colocar a cuvete no suporte de cuvetes de modo a que os lados de quartzo fiquem no caminho da fonte de luz (da esquerda para a direita).

9. Fechar a tampa do compartimento de amostras. Premir CALB. A absorvância da solução de tampão TE será agora registada na memória, sendo apresentados os valores "background" e "Bkg".

10. Prima PEAD. A calibração está concluída quando é apresentado "Scan". O instrumento está agora pronto para

medir amostras de ADN.

11. Abrir a tampa do compartimento de amostras. Deitar fora 200 microlitros de tampão TE da cuvete, despejando-o e eliminando-o adequadamente.

12. Lavar bem a cuvete duas vezes com a solução tampão TE e, em seguida, escorrer cuidadosamente a cuvete para um pano de algodão para remover quaisquer gotículas restantes.

Etapa 2: Preparação da amostra

1. Adicionar cuidadosamente 200 microlitros da amostra de ADN à cuvete e colocar a cuvete no suporte de amostras do espetrofotómetro.

2. Iniciar o processo de medição premindo o botão READ. O espetrofotómetro medirá e registará a absorvância da amostra entre 260 e 280 nanómetros e, em seguida, apresentará os resultados sob a forma de um gráfico na impressora.

3. Repita os passos 2 e 3 para quaisquer outras amostras de ADN que lhe tenham sido atribuídas para análise.

Vantagens

1. É fácil de executar.
2. É eficaz em termos de custos.
3. Se for feito corretamente, fornece resultados fiáveis.

Desvantagens

1. Não pode avaliar de forma fiável a contaminação proteica.
2. Não contribui com um erro significativo para a estimativa da quantidade de ADN.

3. Este método requer um espetrofotómetro e cuvetes.

Caracterização do ADN por Ensaio espetrofotométrico e temperatura de fusão (Tm)

Para garantir que as amostras de ADN extraído são adequadas para outras experiências, é importante verificar a sua quantidade e qualidade. A isto chama-se caraterização e pode ser feito através de diferentes métodos. Nesta experiência, serão utilizados dois métodos: espetrofotometria e análise da temperatura de fusão do ADN.

A espetrofotometria é uma forma de determinar a quantidade e a pureza do ADN. O ADN absorve luz a 260 nm e 234 nm na luz ultravioleta, sendo o 260 nm o mais importante para medir a quantidade de ADN. A razão entre a luz absorvida a 260 nm e a 280 nm pode dizer-nos se existe alguma contaminação proteica, uma vez que as proteínas absorvem mais luz a 280 nm. A razão entre a luz absorvida a 260 nm e a 230 nm também nos pode ajudar a garantir que a amostra é pura e não contém outros contaminantes como hidratos de carbono, péptidos e etanol.

A análise da temperatura de fusão do ADN é utilizada para verificar a estabilidade do ADN e o seu teor de GC. Este método envolve o aquecimento de uma solução diluída de ADN e a medição da luz absorvida a 260 nm à medida que as duas cadeias da dupla hélice se separam lentamente.

1. Determinar a concentração e a pureza do ADN extraído utilizando o espetrofotómetro de UV.

2. Determinar a temperatura de fusão do ADN e a percentagem do teor de GC.

Princípio

A temperatura de fusão (Tm) é uma caraterística crucial do ADN que determina a sua estabilidade. É definida como a temperatura à qual metade das moléculas de ADN deixam de estar emparelhadas. O valor de Tm é determinado pelo comprimento e pelo conteúdo de GC do ADN, que é a proporção de nucleótidos de guanina e citosina. O teor de GC é significativo para a estabilidade do ADN e pode ser medido utilizando um perfil Tm.

Para garantir que as amostras de ADN extraído são adequadas para utilização posterior, são efectuadas análises de espetrofotometria e de temperatura de fusão do ADN. Estas técnicas são utilizadas para determinar a concentração, pureza e estabilidade do ADN, garantindo que este cumpre os requisitos das aplicações a jusante.

Estoque

- O ADN extraído
- 0,1 X tampão SSC

Preparação do tampão SSC 20X

Dissolver 175,3 g de NaCl, 88,2 g de citrato de sódio desidratado em 800 ml de água destilada. Ajustar o pH a 7,0 com HCl diluído. Completar o volume final para 1 L com água destilada.

Procedimento

1. Diluir o ADN extraído em tampão SSC 0,1 X. Para o fazer,

tomar 1 ml do ADN de reserva e misturá-lo com 10 ml do tampão, resultando numa proporção de 1:10 de ADN para tampão.

2. Medir a concentração e a pureza da amostra de ADN utilizando um espetrofotómetro. Colocar a amostra numa cuvete de quartzo e utilizar uma segunda cuvete cheia de água destilada como branco. Regular o espetrofotómetro para medir a absorvância dos ácidos nucleicos a um comprimento de onda de 10 mm. Os resultados serão dados em µg/ml.

3. Em alternativa, pode medir a absorvância em três comprimentos de onda específicos (230, 260 e 280 nm) para determinar a concentração e a pureza do ADN.

4. Determinar a temperatura de fusão do ADN. Diluir o ADN de reserva para uma concentração de 10 µg/ml em tampão 0,1 X SSC e colocá-lo numa cuvete de quartzo. Encher um tubo de ensaio separado com 1 ml de água destilada como branco. Cobrir ambos os tubos com folha de alumínio e colocá-los num banho de água a 25° C durante 4 minutos para equilibrar.

5. Transferir a amostra e o branco para cuvetes de quartzo e voltar a colocá-los no banho-maria durante 1 minuto para equilibrar. Ler e registar a absorvância a 260 nm.

6. Aumentar a temperatura do banho-maria para 50° C, 60° C, 70° C e ebulição, e repetir os passos de equilíbrio da amostra e do branco e ler a absorvância a 260 nm. Observar a alteração da absorvância para determinar a temperatura de fusão do ADN.

Resultados

Wavelength (nm)	Absorbance of DNA	
	Rat	Plant
230		
260		
280		

A. Caracterização do ADN por ensaio espetrofotométrico (concentração e pureza):

Determine a concentração das amostras de ADN utilizando a seguinte equação:

Concentração de ADN (μg/ml) = (A260 / ε L)$\times$ Fator de diluição (DF)

Determinar o grau de pureza das amostras de ADN através do cálculo dos rácios A260/A280 e A260/A230.

B. Temperatura de fusão

Temperature (°C)	DNA Absorbance at 260 nm	
	Rat	Plant
25		
50		
60		
70		
Boilin		

Traçar o valor da absorvância em função da temperatura e calcular a Tm para a amostra de ADN.

Determinar o teor de GC da amostra utilizando a seguinte fórmula:

$$(G + C)\% \equiv (Tm - 69{,}3) \times 2{,}44.$$

Método alternativo de caraterização

Etapa 1: Extração da amostra de ADN

1. Obter a amostra a analisar, por exemplo, sangue, saliva ou tecido.

2. Seguir o protocolo de extração de ADN adequado para isolar o ADN.

Etapa 2: Concentração e análise de pureza

1. Transferir um volume conhecido da solução de ADN extraído para uma cuvete.

2. Colocar a cuvete num espetrofotómetro UV e efetuar a análise.

3. O espetrofotómetro mede a absorvância da amostra de ADN a 260 nm, que é proporcional à concentração de ADN.
4. O rácio entre a absorvância a 260 nm e 280 nm (A260/A280) é utilizado para determinar a pureza do ADN. Um rácio de 1,8 ou superior é considerado puro.

Etapa 3: Determinação da temperatura de fusão do ADN

1. Carregar a amostra de ADN num termociclador e efetuar uma análise da temperatura de fusão (Tm).
2. A Tm é a temperatura a que metade do ADN é fundido. Pode ser utilizada como um indicador da qualidade e pureza do ADN.

Etapa 4: Análise da percentagem de teor de GC

1. Transferir um volume conhecido da amostra de ADN extraído para um tubo PCP.
2. Adicionar os reagentes ao tubo PCP, incluindo a Taq polimerase e os primers.
3. Puncionar uma reação PCP para amplificar o ADN.
4. Colocar o produto de ADN amplificado num gel de eletroforese e efetuar a análise.
5. O teor de GC do ADN pode ser estimado com base na posição dos fragmentos de ADN no gel.

Nota: Os passos acima descritos são gerais e podem variar consoante os protocolos específicos utilizados no laboratório.

Análise tecnológica rápida

O método de análise de tecnologia rápida não é um método específico utilizado na extração ou purificação de ADN. Pode referir-se a qualquer tecnologia ou método que permita uma análise ou processamento mais rápido de amostras de ADN.

Por exemplo, pode referir-se à utilização de tecnologias de sequenciação de elevado rendimento, como a Illumina ou a PacBio, que podem gerar rapidamente grandes quantidades de dados de sequenciação de ADN. Ou pode referir-se à automatização de processos laboratoriais, como a utilização de manipuladores de líquidos robóticos para extração de ADN e preparação de PCP.

Em geral, o método de análise de tecnologia rápida pode ser utilizado em várias fases do processo de análise do ADN, como a preparação da amostra, o isolamento do ADN, a amplificação, a sequenciação e a análise dos dados. A utilização destes métodos pode aumentar a velocidade e a eficiência da análise do ADN, resultando em resultados mais rápidos e mais exactos.

É importante notar que, embora o método de análise de tecnologia rápida possa ser muito poderoso, também é importante considerar a possibilidade de erros e artefactos que podem ocorrer com estas tecnologias. Por conseguinte, as medidas de controlo de qualidade e a validação adequada são essenciais para garantir a exatidão e a fiabilidade dos resultados obtidos.

Extração de papel

O método de extração de papel da análise tecnológica rápida (FTA) é uma técnica simples utilizada para extrair ADN, inicialmente na ciência forense, mas agora também amplamente utilizada noutros domínios. O processo consiste em espalhar uma amostra, normalmente sangue, num pedaço de papel, deixando-o secar. Em seguida, são perfurados círculos no papel seco e colocados num tubo de ensaio.

O ADN extraído é depois limpo com um solvente, antes de ser finalmente adicionado a uma mistura de reação em cadeia da polimerase (PCR). Este método é conhecido pela sua facilidade e simplicidade, razão pela qual ganhou popularidade em vários domínios.

Princípio

O método FTA (ensaio de transferência de fluidos) é um processo utilizado para preservar e proteger o ADN em amostras biológicas, como o sangue e a saliva. A ideia subjacente a este método é que, quando estas amostras são aplicadas num tipo especial de papel, o material biológico adere ao papel, enquanto a mistura química utilizada no processo decompõe as células e altera as proteínas.

Depois de a amostra ter sido seca e armazenada corretamente, as nucleases, que são enzimas que decompõem o ADN, deixam de estar activas. Isto deixa o ADN estável e protegido dos danos causados por factores como a oxidação, a luz ultravioleta, as bactérias e os fungos. O método FTA ajuda a minimizar os danos nos ácidos nucleicos e assegura que o ADN permanece intacto para análise posterior.

Estoque

Reagente de purificação FTA

- Tampão TE (10 mM Tris-HCL, 0,1 mM EDTA, pH 8,0)
- Solução 1:NaOH 0,1N, EDTA 0,3mM, pH13,0
- Solução2:0,1MTris-HCL,pH7,0

Procedimento

Etapa 1: Lavagem

1. Obter um punção de 6 mm numa área seca utilizando um punção de papel normal de furo único.

2. Colocar o punção num microtubo de 1,5 ml e lavar a extremidade cortante com etanol para evitar a contaminação cruzada.

3. Deitar 1000 µl do reagente de purificação FTA no microtubo e misturar a mistura por agitação manual ou vortex rápido cinco vezes.

4. Deixe a mistura repousar à temperatura ambiente durante 5 minutos e volte a misturá-la, se desejar.

5. Utilizando uma pipeta, remover e deitar fora todo o reagente de purificação FTA utilizado.

6. Repetir os passos 2-4 um total de três vezes.

7. Adicionar 1000 µl de tampão TE ao microtubo e incubar à temperatura ambiente durante 5 minutos.

8. Utilizando uma pipeta, remover e deitar fora todo o tampão TE utilizado.

9. Repetir os passos 6-8 mais duas vezes para um total de três lavagens com tampão TE. Após este processo, o punção deve ser branco ou de cor pálida.

Etapa 2: Tratamento do pH

1. Obter um punção de 6 mm que tenha sido previamente lavado e adicionar 140 μl de Solução 1.
2. Incubar o punção a 65° C durante 5 minutos (isto é diferente do protocolo típico de temperatura ambiente utilizado pela empresa FTA).
3. Adicionar 260 μl de solução 2 e misturar a mistura, agitando o vórtex cinco vezes.
4. Deixar a mistura repousar à temperatura ambiente durante mais 10 minutos.
5. Voltar a agitar a mistura no vórtex durante 10 vezes.
6. Retirar o punção e apertá-lo para recuperar o maior volume de eluição possível.
7. Utilizar uma ponta de pipeta limpa para remover o punção, se necessário.
8. O eluído contém 66 mM Tris-HCl, 0,1 mM EDTA. Para uma reação de PCR de 25 μl, utilizar 0,5 μl do eluído.

Vantagem

O método FTA tem várias vantagens que o tornam uma opção atractiva para armazenar e preservar o ADN. Em primeiro lugar, não necessita de refrigeração e pode ser mantido à temperatura ambiente, o que o torna conveniente para armazenamento e transporte. Em segundo lugar, é eficaz na eliminação de bactérias nocivas enquanto preserva o ADN, garantindo a sua qualidade e integridade. O tamanho reduzido dos discos facilita o seu armazenamento e transporte, e o processo de obtenção do ADN é simples e pode ser repetido várias vezes sem necessidade de medir previamente a quantidade de ADN.

Desvantagem

No entanto, existe também uma desvantagem no método FTA - os pequenos discos de ADN podem ser facilmente contaminados por eletricidade estática. Isto significa que existe um risco de contaminação durante o manuseamento, o que pode afetar a qualidade do ADN obtido através deste método.

Tecnologia de ADN recombinante

A tecnologia do ADN recombinante, também conhecida como engenharia genética, é o processo de manipulação da composição genética de um organismo através da inserção, eliminação ou substituição de genes específicos. Esta tecnologia permite a produção de organismos geneticamente modificados (OGM) com caraterísticas desejadas, como a resistência a doenças ou um melhor conteúdo nutricional.

A tecnologia compreende a extração de um gene específico ou de um segmento de ADN de um organismo, que é depois inserido num vetor como um plasmídeo. O vetor é então introduzido num organismo hospedeiro, que pode ser uma planta, um animal, uma levedura ou uma bactéria. Uma vez dentro do organismo hospedeiro, o vetor replica-se e expressa o ADN inserido.

Esta tecnologia tem inúmeras aplicações em vários domínios, como a agricultura, a medicina e a biotecnologia. Por exemplo, na agricultura, podem ser produzidos OGM com resistência a pragas e doenças, o que leva a um aumento do rendimento das culturas. Na medicina, é utilizada para produzir insulina humana e outras proteínas terapêuticas, enquanto na biotecnologia é utilizada para a produção de enzimas e produtos industriais.

No entanto, a utilização da tecnologia do ADN recombinante também suscita preocupações éticas e de segurança, como os potenciais efeitos indesejados no ambiente e na saúde humana decorrentes da modificação das culturas alimentares. Existem também preocupações éticas relativamente à utilização da tecnologia do ADN recombinante em tratamentos médicos, como a terapia genética. Assim, é crucial que qualquer aplicação da tecnologia do ADN recombinante seja submetida a uma avaliação exaustiva da segurança e das implicações éticas e seja continuamente monitorizada e regulamentada para o futuro.

Conceção de sondas de ADN

A conceção de sondas de ADN é o processo de criação de um fragmento de ADN que pode hibridizar seletivamente com uma sequência-alvo de ADN complementar. As sondas de ADN são utilizadas para detetar e identificar sequências de ADN específicas numa amostra. A conceção de uma sonda de ADN envolve a seleção de uma sequência de ADN complementar à sequência alvo, bem como a otimização do comprimento, especificidade e sensibilidade da sonda. Podem ser concebidos diferentes tipos de sondas, incluindo sondas fluorescentes, biotiniladas ou radioactivas, dependendo da utilização pretendida. A conceção de sondas de ADN é uma etapa essencial em muitas técnicas de biologia molecular, como a reação em cadeia da polimerase (PCR), a sequenciação de ADN e a análise da expressão genética.

Princípio

O princípio da conceção de uma sonda de ADN consiste em criar um pedaço de ADN curto e de cadeia simples que seja complementar a uma sequência específica do ADN alvo. Esta sequência complementar permite que a sonda hibridize ou se ligue ao ADN alvo, permitindo a deteção ou identificação da sequência alvo. A conceção da sonda de ADN deve também considerar factores como o comprimento, a especificidade e a sensibilidade para garantir resultados exactos e fiáveis.

Procedimento

1. Determinar a sequência de ADN alvo através da pesquisa

em bases de dados ou da sequenciação do ADN de interesse.

2. Decidir o comprimento da sonda de ADN, tendo como objetivo 18-25 nucleótidos. O comprimento da sonda de ADN é uma consideração importante, uma vez que pode afetar a especificidade e a sensibilidade da sonda.

3. Escolher um método de marcação como, por exemplo, corantes fluorescentes, biotina ou isótopos radioactivos. A escolha do método de marcação dependerá da utilização prevista da sonda e do método de deteção utilizado.

4. Conceber a sequência da sonda de forma a complementar a sequência de ADN alvo e incluir a porção de marcação escolhida. A sequência da sonda deve ser complementar à sequência de ADN alvo e deve conter a fração de marcação no local adequado. É importante evitar estruturas secundárias e a auto-complementaridade na sequência da sonda.

5. Testar a especificidade e sensibilidade da sonda, hibridizando-a com a sequência de ADN alvo.

6. Otimizar a sonda ajustando o seu comprimento, método de marcação ou concentração.

7. Validar a sonda testando-a numa variedade de amostras e verificando resultados consistentes e reprodutíveis.

Vantagens

1. As sondas de ADN são concebidas para serem complementares a uma sequência específica de ADN, pelo que são altamente específicas na sua deteção do ADN alvo.

2. As sondas de ADN podem detetar mesmo pequenas

quantidades do ADN alvo, o que as torna uma ferramenta
poderosa na biologia molecular.

3. As sondas de ADN podem fornecer resultados rápidos,
   sendo que a deteção demora frequentemente apenas
   algumas horas.
4. As sondas de ADN podem ser concebidas para detetar
   qualquer sequência de ADN, o que as torna uma
   ferramenta versátil para uma série de aplicações.

Desvantagens

1. A conceção e o fabrico de sondas de ADN podem ser
   dispendiosos, especialmente se forem necessárias várias
   sondas para uma única experiência.
2. A conceção de uma sonda de ADN requer um elevado
   nível de especialização em biologia molecular, e o processo
   pode ser complexo e moroso.
3. As sondas de ADN podem, por vezes, reagir de forma
   cruzada com outras sequências de ADN, conduzindo a
   resultados falsos positivos.
4. As sondas de ADN podem degradar-se com o tempo, pelo
   que devem ser armazenadas cuidadosamente e utilizadas
   rapidamente para garantir a exatidão.

Bergs Terminal Transferase - Experiência de Boyer Cohen Chang

A transferase terminal de Berg (TdT) é uma enzima que catalisa a adição de desoxi-nucleótidos à extremidade 3' das cadeias de ADN. A experiência de Boyer-Cohen-Chang foi realizada em 1973 para demonstrar a atividade da TdT. A experiência envolveu a incubação de um molde de ADN parcialmente de cadeia dupla com TdT, desoxinucleótidos e ATP radioativo. Os resultados mostraram que a TdT adicionou nucleótidos radioactivos à extremidade 3' da cadeia de ADN, provando a sua capacidade de estender cadeias de ADN. Esta experiência foi fundamental para estabelecer o papel da TdT nos processos de síntese e reparação do ADN.

Princípio

O princípio da experiência Berg's Terminal Transferase - Boyer Cohen Chang consiste em utilizar uma enzima bacteriana chamada terminal transferase para adicionar caudas homopoliméricas às extremidades 3' das moléculas de ADN. Este processo é importante para muitas técnicas de biologia molecular, como a clonagem e a sequenciação, uma vez que permite a hibridação específica e eficiente de moléculas de ADN. A experiência demonstrou que a enzima transferase terminal podia adicionar caudas homopoliméricas ao ADN de cadeia dupla e que o comprimento e a composição das caudas podiam ser controlados ajustando as condições da reação. A descoberta desta enzima e a sua capacidade de modificar o ADN facilitou grandemente o desenvolvimento de muitas técnicas de biologia molecular.

Procedimento

1. Preparar uma mistura de reação com os seguintes componentes - ADN molde, desoxinucleotidil transferase terminal (TdT), dGTP, dATP, dTTP e $MnCl_2$.
2. Misturar a mistura de reação e incubar a 37° C durante 15-60 minutos.
3. Parar a reação adicionando EDTA.
4. Desnaturar o ADN aquecendo a mistura de reação a 95° C durante 5 minutos.
5. Analisar os produtos da reação por eletroforese em gel de poliacrilamida.
6. Visualizar os produtos da reação através da coloração do gel com brometo de etídio.
7. Comparar o tamanho e a intensidade dos produtos da reação com as amostras de controlo.
8. Interpretar os resultados e tirar conclusões com base nos resultados.
9. Repetir a experiência com diferentes variações para confirmar os resultados.

Vantagens

1. A transferase terminal de Berg (TdT) é uma enzima altamente específica que pode incorporar nucleótidos na extremidade 3' dos fragmentos de ADN.
2. A experiência de Boyer Cohen Chang forneceu um método novo e eficiente para a introdução de ADN em células bacterianas, o que revolucionou o campo da engenharia

genética.

3. A TdT tem baixas taxas de erro, o que a torna uma ferramenta ideal para a construção de bibliotecas de cDNA.

4. A experiência de Boyer Cohen Chang abriu caminho para a tecnologia do ADN recombinante, que desde então tem sido utilizada para produzir uma vasta gama de produtos úteis.

Desvantagens

1. A TdT é altamente sensível à temperatura, ao pH e à concentração de sais, o que pode levar a resultados variáveis e limitar a sua utilização em determinadas aplicações.

2. O método Boyer Cohen Chang requer a utilização de antibióticos para selecionar as células transformadas, o que pode levar ao desenvolvimento de estirpes resistentes aos antibióticos.

3. O processo de criação de ADN recombinante pode ser moroso e complexo, exigindo equipamento e conhecimentos especializados.

4. A utilização da tecnologia do ADN recombinante suscita preocupações éticas, nomeadamente no que respeita aos organismos geneticamente modificados (OGM).

Preparação de células competentes para Captação eficiente de ADN em E.coli

As células competentes são um tipo de células bacterianas cultivadas em laboratório que foram artificialmente modificadas para aceitarem ADN estranho nos seus genomas. O processo de modificação das células para serem competentes envolve efetuar pequenas alterações nas suas membranas celulares e componentes celulares, o que lhes permite absorver e integrar eficazmente o ADN estranho.

As células competentes são uma ferramenta essencial na biologia molecular, biotecnologia e engenharia genética. São utilizadas numa variedade de aplicações, incluindo a clonagem de genes, a modificação genética e a produção de proteínas recombinantes. A facilidade e eficiência da transferência de ADN para células competentes torna-as uma ferramenta crucial no domínio da biotecnologia e da engenharia genética.

Um dos métodos mais comuns para produzir células competentes é transformá-las com cloreto de cálcio. Neste processo, as bactérias são tratadas com uma concentração elevada de cloreto de cálcio, que permeia temporariamente a membrana celular, permitindo a entrada de ADN estranho. Depois de o ADN ter sido absorvido pelas células, estas voltam ao seu estado normal e o ADN é integrado no genoma.

Outro método para produzir células competentes é a electroporação, que envolve a aplicação de um impulso elétrico de alta tensão às células, o que cria poros temporários na membrana celular, permitindo a entrada do ADN estranho. Este método é frequentemente mais rápido e mais eficiente do que o método do cloreto de cálcio, mas também envolve um maior risco de morte celular.

As células competentes são também classificadas em dois tipos: células quimicamente competentes e células electrocompetentes. As células quimicamente competentes são produzidas através da utilização de um agente químico, como o cloreto de cálcio, para permear a membrana celular e permitir a entrada do ADN. As células electrocompetentes são produzidas através da utilização de um impulso elétrico para criar poros temporários na membrana celular, permitindo a entrada do ADN.

Para além da sua utilização na biotecnologia e na engenharia genética, as células competentes também têm aplicações na investigação médica. Podem ser utilizadas para produzir vacinas, produzir proteínas recombinantes para utilização em testes de diagnóstico e para estudar as interações entre bactérias e os seus hospedeiros.

Procedimento

1. Escolha uma bactéria suscetível de ser transformada, como a E. coli, e cultive-a num meio de cultura até atingir a fase logarítmica.

2. Centrifugar a cultura bacteriana para colher as células. Deitar fora o sobrenadante e ressuspender o pellet em tampão estéril frio.

3. Congelar lentamente as células numa solução de glicerol e tampão. Isto protegerá as células de danos e torná-las-á mais competentes para a transformação.

4. Descongelar rapidamente as células num banho de água a 37º C. As células devem ser mantidas a 37º C durante não mais de 30 segundos.

5. Adicionar cloreto de cálcio às células para aumentar a sua competência. Incubar as células a 37º C durante 15 minutos.

6. Adicionar o ADN a transformar às células competentes. Incubar as células a 37º C durante 1 hora.

7. Transferir as células transformadas para uma placa de ágar nutriente e incubar durante a noite a 37º C.

8. Fazer um rastreio das colónias que cresceram na placa de ágar para detetar o fenótipo desejado. Confirmar a transformação através da realização de testes adicionais, como PCR ou sequenciação.

Método alternativo

Princípio

As células competentes das bactérias são necessárias para uma absorção eficaz do ADN. A membrana plasmática da bactéria deve ser permeável ao ADN estranho, o que pode ser conseguido tornando artificialmente as células bacterianas competentes. No entanto, uma vez que tanto as bactérias como o ADN têm carga negativa, é difícil para o ADN entrar nas células bacterianas. Para ultrapassar este problema, são utilizados catiões divalentes, que protegem as cargas através da coordenação de grupos fosfato e outras cargas negativas, alterando assim a carga eléctrica na superfície da célula bacteriana e enfraquecendo a membrana celular bacteriana. Isto promove a entrada de ADN estranho nas células bacterianas.

Estoque

- Bactérias
- Espectrofotómetro
- Placa de ágar LB
- Caldo LB
- Glicerol
- $CaCl_2$
- Tubos
- Centrifugadora

Preparação do meio LB

Preparar o meio Luria Bertani misturando 10 g de triptona, 5 g de extrato de levedura e 10 g de NaCl em 1 litro de água destilada. Ajustar o pH a 7,0 com NaOH 1N e autoclavar a mistura durante 25 minutos a 120° C.

Procedimento

1. Cultivar E. coli em 5 ml de caldo LB durante a noite.
2. Diluir 100 vezes a cultura da noite para o dia e cultivar as bactérias em 250 ml de LB num erlenmeyer de 1L a 37° C, num agitador.
3. Verificar a DO da cultura a 600 nm até atingir 0,25-0,30.
4. Transferir a cultura para tubos de centrifugação de 50 ml e centrifugar a 3.000 rpm durante 10 minutos a 4° C.
5. Eliminar o sobrenadante e ressuspender as células em 30 ml de CaCl 100 mM refrigerado$_2$ durante 30 minutos no gelo com agitação manual intermitente.
6. Centrifugar as células a 3.000 rpm durante 10 minutos a 4°

C, eliminar o sobrenadante e ressuspender o pellet bacteriano em 5-10 ml de CaCl 100 mM$_2$ mais 15% de glicerol.

7. Preparar alíquotas de 100 ul desta suspensão de células bacterianas e armazenar a -70° C para utilização posterior.

Observação

As células competentes são preparadas com êxito e são congeladas a -70° C para utilização posterior.

Precauções

1. Efetuar todos os procedimentos em condições de frio.
2. Após o tratamento com $CaCl_2$, as células bacterianas tornam-se frágeis, pelo que se deve evitar agitá-las em vórtice.
3. Não congelar e descongelar repetidamente células competentes.

Transformação bacteriana in vitro por electroporação

Princípio

O ADN plasmídico é uma molécula de ADN circular, de cadeia dupla, que existe independentemente do ADN cromossómico das células bacterianas. Os plasmídeos contêm frequentemente genes que podem proporcionar uma vantagem à célula bacteriana, tais como genes de resistência a antibióticos. A introdução de ADN plasmídico numa célula bacteriana fornece à célula um novo material genético que lhe pode dar uma nova função ou vantagem.

A transformação bacteriana é o processo de introdução de ADN estranho nas células bacterianas, que pode ser conseguido através de vários métodos, como a electroporação, o choque térmico e a transformação química. Nesta experiência, a electroporação é utilizada para introduzir ADN plasmídico em células bacterianas através da criação de poros transitórios na membrana celular utilizando um impulso elétrico de alta tensão.

Estoque

- Cultura bacteriana
- ADN plasmídico
- Enzimas de restrição
- DNA ligase
- Placas de ágar LB
- Ampicilina
- Pipetas e pontas esterilizadas
- Tubos de microcentrifugação

- Bloco térmico
- Incubadora

- Electroporador

Procedimento

1. Preparar as células bacterianas para a electroporação centrifugando a cultura e ressuspendendo as células em água estéril gelada.
2. Lavar as células duas vezes para remover qualquer meio residual.
3. Num tubo de microcentrifugação, misturar 50 µl de células lavadas com 2 µl de ADN plasmídico linearizado.
4. Transferir a mistura de células e ADN plasmídico para uma cuvete de electroporação esterilizada.
5. Aplicar um impulso elétrico às células utilizando o electroporador de acordo com as instruções do fabricante.
6. Adicionar imediatamente 1 ml de caldo LB à cuvete e transferir a mistura para um tubo de microcentrifugação esterilizado.
7. Incubar as células a 37º C durante 1 hora para permitir a expressão dos genes do plasmídeo.
8. Colocar as células transformadas em placas de ágar LB com ampicilina e incubar durante a noite a 37º C.
9. Observar o crescimento bacteriano e procurar colónias que tenham crescido nas placas contendo ampicilina.

Resultados

Uma transformação bem sucedida resultará no crescimento de colónias nas placas contendo ampicilina, que são resistentes ao antibiótico e transportam o ADN do plasmídeo. A presença do ADN plasmídico pode ser confirmada através da realização de um isolamento do plasmídeo e de uma digestão de restrição, ou através da sequenciação do plasmídeo.

Precauções

1. Manter técnicas assépticas durante toda a experiência para evitar a contaminação da cultura bacteriana com outros microrganismos ou ADN estranho.
2. Utilizar equipamento e soluções esterilizados para evitar a introdução de ADN ou bactérias indesejáveis.
3. Assegurar que a cultura bacteriana é saudável e está na fase de crescimento exponencial para aumentar a probabilidade de transformação.
4. Utilizar controlos adequados, incluindo um controlo não transformado, para verificar se quaisquer alterações observadas no fenótipo bacteriano se devem à introdução do ADN plasmídico e não a um artefacto da experiência.
5. Otimizar os parâmetros de electroporação (como a tensão, a constante de tempo e a duração do impulso) para maximizar a eficiência da transformação e minimizar os danos celulares.
6. Utilizar a concentração de antibiótico adequada para selecionar as células transformadas sem causar quaisquer efeitos adversos no crescimento da cultura bacteriana.
7. Armazenar e manusear corretamente o ADN plasmídico para evitar a sua degradação ou contaminação.

CaCl$_2$ Transformação mediada

CaCl$_2$ A transformação mediada é um método de introdução de ADN estranho num organismo hospedeiro, frequentemente com o objetivo de expressar uma nova caraterística ou função. Este método de transformação é amplamente utilizado em biologia molecular, biotecnologia e engenharia genética para o estudo e a manipulação de genes e genomas.

O processo de transformação inclui a preparação do ADN a ser introduzido no organismo hospedeiro. O ADN é primeiro extraído do organismo de origem, utilizando frequentemente uma enzima de restrição para cortar o ADN em sítios específicos. O ADN é então ligado a um plasmídeo, um pedaço circular de ADN que é utilizado como vetor para a transformação. O plasmídeo contém um gene de interesse e a origem de replicação, que permite que o plasmídeo se replique no organismo hospedeiro.

Quando o plasmídeo estiver pronto, o passo seguinte é introduzi-lo no organismo hospedeiro. É aqui que o CaCl$_2$ entra em ação. O CaCl$_2$ é utilizado como mediador no processo de transformação para ajudar o plasmídeo a entrar no organismo hospedeiro. O CaCl$_2$ actua como um permeador, tornando a membrana celular do organismo hospedeiro temporariamente permeável, permitindo que o plasmídeo entre na célula.

O processo de transformação pode ser efectuado de várias formas, como a electroporação, em que é aplicado um campo elétrico ao organismo hospedeiro, ou a transformação química, em que são utilizados produtos químicos como o $CaCl_2$ para criar orifícios temporários na membrana celular. Em ambos os métodos, as células permeadas são depois incubadas com a solução de plasmídeo, permitindo que o plasmídeo entre na célula.

Uma vez no interior da célula, o plasmídeo pode integrar-se no genoma do organismo hospedeiro ou permanecer como um pedaço separado de ADN. Se o plasmídeo se integrar no genoma do organismo hospedeiro, o novo gene será expresso e o organismo hospedeiro apresentará a nova caraterística ou função. Se o plasmídeo permanecer como um pedaço separado de ADN, pode ainda expressar o novo gene e o organismo hospedeiro continuará a apresentar o novo traço ou função.

Procedimento

1. Cultivar as células bacterianas em meio líquido até atingirem a fase de meio-log, depois arrefecer a cultura em gelo durante 10 minutos. Transferir as células para tubos de 50 ml contendo glicerol a 50% gelado e misturar suavemente invertendo os tubos. Armazenar as células competentes a -80° C até à sua utilização.

2. Isolar o ADN do plasmídeo e purificá-lo utilizando um kit de isolamento de plasmídeos.

3. Dissolver 0,1 M de $CaCl_2$ em água destilada e esterilizar a solução por autoclavagem.

4. Descongelar as células competentes no gelo e adicionar o ADN plasmídico purificado às células. Incubar a mistura em gelo durante 30 minutos.

5. Adicionar a solução de CaCl$_2$ esterilizada à mistura célula-DNA, mantendo o volume da solução de CaCl$_2$ igual ao da suspensão de células. Incubar a mistura em gelo durante mais 2-5 minutos.

6. Transferir a mistura para um banho-maria a 42° C e incubar durante exatamente 90 segundos. Transferir rapidamente a mistura de volta para o gelo e incubar durante 2 minutos.

7. Adicionar 1 ml de meio LB à mistura e incubar a 37° C durante 1 hora. Espalhar a mistura numa placa de ágar LB contendo os antibióticos adequados e incubar durante a noite a 37° C.

8. Incubar a placa durante mais 16-20 horas a 37° C para permitir o crescimento das células transformadas. Verificar a presença de colónias e selecionar as colónias desejadas para análise posterior.

Eletroforese em gel de agarose

A eletroforese em gel de agarose é uma técnica laboratorial utilizada para separar e analisar fragmentos de ADN de diferentes tamanhos. O processo inclui a preparação de um gel a partir de agarose, um açúcar encontrado em algas marinhas. Este gel é vertido para uma câmara de eletroforese e solidificado. De seguida, as amostras de ADN são colocadas nos poços do gel. É então aplicado um campo elétrico à mistura, fazendo com que as moléculas de ADN carregadas negativamente se movam em direção ao ânodo carregado positivamente. A velocidade a que o ADN se move através do gel depende do tamanho das moléculas de ADN, permitindo a separação e quantificação de fragmentos de diferentes tamanhos.

As bandas de ADN podem ser visualizadas através da coloração do gel com um corante fluorescente - brometo de etídio, e observando-o sob luz ultravioleta. Utilizando um transluminador e uma fonte de luz UV com um comprimento de onda de 254 nm, 310 nm ou 354 nm, a eletroforese permite a separação e a localização do ADN no gel de agarose. Podem ser utilizados vários tampões, como TAE e TBE, no processo de eletroforese, sendo que diferentes tampões afectam a taxa de migração do ADN. O peso molecular do ADN, a concentração de agarose, a conformação do ADN e a corrente aplicada têm todos um impacto na mobilidade electroforética do ADN através do gel de agarose.

O tamanho dos fragmentos de ADN que podem ser separados depende da concentração de agarose no gel, sendo que diferentes concentrações permitem a separação de fragmentos de diferentes tamanhos. Por exemplo, um gel a 0,5% pode separar fragmentos de ADN entre 1 kb e 30 kb, enquanto um gel a 2,0% pode separar fragmentos entre 50 bp e 2 kb (ver tabela abaixo):

w/v % Gel type	Size of DNA fragments (1 Kb = 1000 bp)
0.5 %	1 kb to 30 kb
0.7 %	800 bp to 12 kb
1.0 %	500 bp to 10 kb
1.2 %	400 bp to 07 kb
1.5 %	200 bp to 03 kb
2.0 %	50 bp to 02 kb

A eletroforese em gel de agarose é amplamente utilizada em biologia molecular e genética e tem várias aplicações, incluindo a análise de produtos de PCR, a separação de fragmentos de ADN após digestão de restrição e a deteção de variações genéticas, como mutações e polimorfismos. É importante notar que, para a separação de fragmentos inferiores a 100 pb, é utilizada uma técnica diferente denominada eletroforese em gel de poliacrilamida.

1. Avaliar a pureza do ADN extraído por eletroforese em gel de agarose.

2. Separar e calcular o tamanho molecular do fragmento de ADN, comparando as bandas separadas com um marcador de peso molecular padrão conhecido.

3. Quantificar o fragmento de ADN, comparando a banda separada com uma quantidade conhecida de ADN.

Princípio

A eletroforese é um método laboratorial utilizado para separar moléculas carregadas, como o ADN, com base no seu tamanho e carga. É aplicada uma corrente eléctrica à amostra de ADN, previamente decomposta por enzimas de restrição, conduzindo o ADN carregado negativamente para o elétrodo positivo. O gel de agarose actua como uma matriz semi-sólida que permite que os fragmentos de ADN se separem com base no seu tamanho. As moléculas maiores viajam mais longe, enquanto as mais pequenas viajam menos. Isto permite uma separação efectiva das biomoléculas. Os fragmentos separados podem então ser analisados e visualizados. O equipamento inclui normalmente uma fonte de energia, um tabuleiro de moldagem para o gel e um recipiente para a amostra.

Estoque

1. Solução-mãe de Tris-Borato-EDTA (TBE) (5X)

    Base Tris 54,0 gm
    Ácido bórico 27,5 gm
    EDTA (pH 8,0) 0,5 M 20,0 ml
    Água destilada para perfazer 1000,0 ml

2. Tampão de trabalho: 1X ou 0,5X TBE

3. LoadingBuffer(IOX)

    Azul de bromofenol 0,25%
    Xileno cianol 0,25%
    Ficoll (tipo 400) 25,0%
    em água destilada

4. DNASample

ADN 150-200 ng
Água destilada 18 µl
Tampão de carga 10X 2 µl

Antes de realizar uma experiência de eletroforese, é importante preparar uma solução de reserva de brometo de etídio. Para tal, preparar uma solução-mãe de 10 mg/ml de brometo de etídio e mantê-la armazenada a 4^0 C num tubo ou recipiente de vidro colorido.

Agarose em pó, tampão TBE 1X (89 mM de Tris-base, 89 mM de ácido bórico e 2 mM de EDTA) preparado a partir de TBE 10X, brometo de etídio (5 mg/ml), corante de carregamento do gel (glicerol e corante laranja), escada de ADN de 1 kb e 100 bp, aparelho de eletroforese horizontal e fonte de alimentação.

Procedimento

Etapa 1: Preparação do gel de agarose

1. Pesar a quantidade necessária de agarose em pó para fazer um gel a 1%, utilizando uma balança.
2. Aquecer o pó de agarose no micro-ondas para o dissolver e criar uma mistura homogénea.
3. Adicionar 4 microlitros de brometo de etídio à mistura e misturar cuidadosamente. Isto irá corar o ADN para visualização sob luz UV.
4. Preparar a placa de gel e o pente colocando o pente nas ranhuras de cada lado da placa de gel e verter a agarose derretida para a placa de gel no tabuleiro de eletroforese.
5. Deixar o gel arrefecer até à temperatura ambiente e retirar

o pente.

6. Colocar o gel na câmara de eletroforese e adicionar tampão de eletroforese (1X TBE) suficiente para cobrir o gel.

Etapa 2: Carregamento do ADN

1. Misturar 300 ng de ADN com 3-4 microlitros de corante de carga.

2. Adicionar uma escada de ADN (3 microlitros) ao primeiro poço utilizando uma micropipeta.

3. Adicionar as amostras de ADN preparadas aos poços adjacentes.

4. Efetuar a eletroforese a 95 volts durante 45 minutos e verificar periodicamente o gel.

5. Quando a eletroforese estiver concluída, coloque o gel numa caixa de luz UV para tirar uma fotografia.

Passo 3: Observação do gel

1. Verificar o gel sob luz UV utilizando um transluminador.

2. Usar uma proteção em perspetiva ou óculos de segurança para evitar os efeitos nocivos da luz UV.

Nota: Um ADN lambda digerido com a enzima de restrição Hind III é normalmente utilizado para determinar o peso molecular do ADN experimental neste procedimento. Isto resulta em 8 bandas de diferentes tamanhos. No entanto, quantidades semelhantes de ADN genómico degradado apresentarão um esfregaço em vez de bandas nítidas.

Vantagens e desvantagens

O método de utilização do brometo de etídio é simples e fácil de seguir. É também conhecido pelos seus resultados rápidos e desempenho eficiente. No entanto, o brometo de etídio é reconhecido como um agente cancerígeno, pelo que deve ser utilizado com precaução e eliminado de forma adequada.

Análise de proteínas por SDS-PAGE

A eletroforese em gel de poliacrilamida com dodecil sulfato de sódio (SDS-PAGE) é um método amplamente utilizado em bioquímica e biologia molecular para a separação e análise de proteínas com base no seu tamanho e carga.

O processo inclui a desnaturação de proteínas utilizando SDS, um detergente que reveste e desdobra uniformemente a proteína, criando uma carga negativa proporcional ao seu tamanho. A mistura SDS-proteína é então carregada num gel de poliacrilamida, que serve de peneira para separar as proteínas com base no seu tamanho. É aplicado um campo elétrico, fazendo com que as proteínas carregadas negativamente migrem para o elétrodo positivo, resultando numa separação das proteínas por tamanho.

Uma das principais vantagens da SDS-PAGE é a sua capacidade de separar proteínas com base no seu peso molecular, permitindo a fácil identificação de proteínas específicas e a estimativa do seu peso molecular relativo. Esta técnica é normalmente utilizada na análise de amostras de proteínas de tecidos, células e fluidos corporais, bem como para purificar e isolar proteínas específicas.

A SDS-PAGE é também amplamente utilizada para o controlo de qualidade nas indústrias biotecnológica e farmacêutica, onde é utilizada para garantir a pureza e a consistência de produtos à base de proteínas, tais como enzimas, vacinas e anticorpos. A técnica é também utilizada na purificação de proteínas, bem como na deteção de modificações proteicas, como a fosforilação, a glicosilação e a clivagem proteolítica.

Para melhorar a resolução da SDS-PAGE, podem ser utilizadas variações como a eletroforese em gel bidimensional (2D-PAGE). Esta técnica separa as proteínas com base no tamanho e na carga, proporcionando uma visão mais abrangente do perfil proteico de uma amostra.

Estoque

- Sulfato de amónio (10%)
- Azul brilhante de Coomassie (0,3%)
- Mistura desincrustante
- Placa de coloração de gel
- Aparelho de eletroforese com alimentação eléctrica
- Tampão de corrida
  SDS (10%)
  Tris-HCl (1,5 M, pH 8,8)
  Tris-HCl (0,5 M, pH 6,8)
- Solução-mãe de acrilamida-bis-acrilamida

Preparação de reagentes

- Solução-mãe de acrilamida-bis-acrilamida: Dissolver 29,2 g de acrilamida e 0,8 g de bis-acrilamida em água destilada e aumentar o volume final para 100 ml.

- Tris-HCl (1,5 M, pH 8,8): Dissolver 18,15 g de Tris em 50 ml de água destilada, ajustar o pH a 8,8 com HCl e aumentar o volume final para 100 ml.

- Tris-HCl (0,5 M, pH 6,8): Dissolver 6 g de Tris em 60 ml de água destilada, ajustar o pH a 6,8 com HCl e aumentar o volume final para 100 ml.

- SDS (10%): Dissolver 1 g de SDS em 5 ml de água destilada e aumentar o volume final para 10 ml.

- Tampão de gelificação: Dissolver 14,4 g de glicina e 1 g de SDS em 1 L de água destilada, ajustar o pH para 8,3 com Tris e aumentar o volume final para 1 L.

- Sulfato de amónio (APS) (10%): Dissolver 500 mg de APS sólido em 5 ml de água destilada. Utilizar apenas solução de APS recentemente preparada.

- Coomassie Brilliant Blue P 250: Dissolver 600 mg de CBBR-250 em 80 ml de metanol, adicionar 20 ml de ácido acético glacial e aumentar o volume final para 200 ml com água destilada.

- Solução de descoloração: Misturar 400 ml de metanol, 100 ml de ácido acético glacial e 500 ml de água destilada para obter 1 L de solução.

- Tampão de Laemmli: 62,5 mM Tris-HCl, pH 6,8 (diluído a partir de 0,5 M Tris-HCl, pH 6,8), 10% de glicerol, 5% de mercaptoetanol, 2% de SDS.

Procedimento

A SDS-PAGE é uma técnica comummente utilizada para a separação e análise de proteínas com base no seu peso molecular. Segue-se um procedimento passo a passo para efetuar SDS-PAGE de uma amostra de proteína:

1. Para garantir uma separação eficiente, é importante desnaturar e reduzir a amostra de proteínas. Normalmente, isto é feito adicionando um detergente como o SDS à

amostra e aquecendo-a a 95-100º C durante 510 minutos. Além disso, pode ser adicionado um agente redutor como o DTT ou o betamercaptoetanol para reduzir quaisquer ligações dissulfureto presentes na amostra de proteínas.

2. A amostra de proteína desnaturada e reduzida é misturada com um tampão de carga que contém SDS, glicerol e um corante de rastreio para monitorizar a migração da proteína durante a eletroforese.

3. É montado um aparelho de eletroforese, como um aparelho de gel vertical ou horizontal, e o gel de acrilamida é preparado e vertido no aparelho. O gel é então deixado a polimerizar.

4. Utilizando uma micropipeta, colocar a solução de proteína desnaturada nos poços. A amostra de proteínas deve ser desnaturada em tampão Laemmli, fervendo durante 5 minutos. Adicionar proteínas marcadoras de peso molecular padrão numa das pistas. Para a deteção pelo corante CBB, são geralmente suficientes 20 a 50 g de proteína.

5. Ligar firmemente os eléctrodos do aparelho à fonte de alimentação e fazer funcionar o gel com uma corrente constante de 20 mA. As proteínas maiores movem-se mais lentamente através do gel do que as proteínas mais pequenas. Seguir a mobilidade da amostra na matriz utilizando um corante (o azul de bromofenol é geralmente adicionado ao tampão de Laemmli). O corante de rastreio fornece uma representação visual da migração das proteínas. Quando a corrida estiver concluída, desligar o botão e desconectar o aparelho.

6. Transferir o gel para um tabuleiro de coloração com um corante proteico, como o azul de Coomassie ou o corante de prata, para visualizar as bandas de proteínas separadas. Corar o gel durante pelo menos 2 horas ou durante a noite sob condições de agitação num agitador. Todo o gel deve ficar azul.

7. Transferir cuidadosamente o gel para uma solução de descoloração e agitar num agitador durante 30 minutos. Adicionar nova solução de descoloração, repetindo estes passos até que as bandas sejam claramente visíveis no gel. Nesta fase, tirar uma fotografia do gel.

8. Analisar o gel fotografado para observar várias bandas distintas de cor azul. Cada banda representa uma ou várias bandas na linha, com a intensidade destas bandas a variar consoante a quantidade de polipéptido presente na solução proteica carregada no gel.

Seleção de colónias branco-azuladas empregando X- Gal/IPTG

A seleção de colónias em branco-azul é um método amplamente utilizado em biologia molecular para selecionar transformantes, que são células que absorveram um plasmídeo com um gene ou uma sequência desejada. Este método baseia-se na utilização de X-Gal, um substrato cromogénico azul, e IPTG, um indutor da expressão genética, para visualizar e selecionar colónias que contêm a sequência desejada.

O processo de seleção de colónias azuis e brancas envolve a transformação de bactérias com um plasmídeo que contém um gene de interesse. O plasmídeo também contém um gene lacZ, que codifica a β-galactosidase - uma enzima que hidrolisa a X-Gal para produzir uma cor azul. Para garantir que o gene lacZ é expresso apenas quando o gene de interesse está presente, o plasmídeo contém também um promotor que é regulado pelo IPTG.

Após a transformação, as bactérias são colocadas em placas de ágar que contêm X-Gal e IPTG. As bactérias que absorveram o plasmídeo expressarão o gene lacZ e produzirão β-galactosidase, que hidrolisará X-Gal para produzir colónias azuis. As bactérias que não absorveram o plasmídeo não expressam o gene lacZ e, portanto, não produzem β-galactosidase, resultando em colónias brancas.

A presença de IPTG no meio de ágar induzirá a expressão do gene lacZ, levando à produção de β-galactosidase e à hidrólise de X-Gal para produzir colónias azuis. A concentração de IPTG utilizada no meio de ágar pode ser ajustada para controlar o nível de expressão do gene e garantir que apenas as colónias desejadas são selecionadas.

O método de seleção de colónias branco-azuladas tem várias vantagens em relação a outros métodos de seleção. Em primeiro lugar, é simples e fácil de executar, exigindo apenas a adição de X-Gal e IPTG ao meio de ágar. Em segundo lugar, é rápido, permitindo a seleção de colónias em poucas horas. Por último, é altamente específico, uma vez que apenas as colónias que contêm o gene ou a sequência pretendida serão azuis. A sua simplicidade, rapidez e especificidade fazem com que seja a escolha ideal para uma variedade de aplicações, incluindo clonagem, expressão de genes e produção de proteínas.

Estoque

- X-Gal
- Dimetilformamida (DMF)
- dH20
- Isopropil β-D-1-tiogalactopiranosídeo (IPTG)
- Antibiótico de rastreio
- Meios de ágar
- Placas.

Procedimento

1. Preparação deX-Gal e IPTG:

- Para incorporar X-Gal e IPTG, preparar uma solução de X-Gal a 20 mg/ml em DMF e uma solução de IPTG a 100 mM em dH2O (ver Procedimento da solução-mãe de IPTG) ou diluir a partir de uma solução de IPTG a 1M.

- Integrar X-Gal e IPTG nos meios de cultura em ágar, adicionando 10 μl de solução de X-Gal a 20 mg/ml por 1 ml de meio ou 2 μl de solução de X-Gal a 100 mg/ml por 1 ml de meio.
- Para obter uma concentração final de 1 mM de IPTG, adicionar 10 μl de solução de 100 mM de IPTG por 1 ml de meio.

Notas

Para melhorar o processo de despistagem, pode ser utilizada uma concentração mais elevada de X-Gal. Esta concentração aumenta a intensidade da cor azul, reduz o tempo de desenvolvimento da cor azul e o tempo de refrigeração e diminui o número de colónias ambíguas que requerem uma nova despistagem.

2. Seleção em meios de ágar contendo IPTG e X-Gal:

- Autoclavar o meio de cultura ágar e arrefecer até 50° C.
- Adicionar o antibiótico de rastreio e verter as placas. Deixar arrefecer até à temperatura ambiente antes de utilizar, o que normalmente demora pelo menos 30 minutos.
- Espalhar as células competentes transformadas conforme desejado.

3. Rastreio em placas de ágar pré-fabricadas sem IPTG e X-Gal:

- Verter os meios de cultura autoclavados que contêm o antibiótico de rastreio nas placas de meios de cultura e secar num exaustor de fluxo laminar.
- Adicionar 40 μl de IPTG 100 mM e 120 μl de X-Gal (20 mg/ml) à superfície de cada placa e espalhar por toda a superfície.

- Secar os meios revestidos com X-Gal/IPTG num exaustor de fluxo laminar durante cerca de 30 minutos antes de os utilizar.
- Espalhar as células competentes transformadas e incubar em posição invertida a 37° C até se formarem colónias azuis (normalmente ~24 horas).

Resultado

A célula bacteriana transformada com um vetor que contém ADN recombinante produzirá colónias brancas, enquanto que a célula bacteriana transformada com o vetor sem ADN recombinante produzirá colónias azuis.

Notas

Neste caso, é inserido ADN estranho para interromper a sequência de codificação da beta-galactosidase, que reage com o substrato x-gal para produzir uma cor azul. Devido à enzima defeituosa produzida pela inserção de ADN estranho no gene gal, são produzidas colónias de cor branca.

Genomas e inter-relações

Os genomas referem-se ao conjunto completo de material genético que existe nas células de um organismo. É o projeto da vida e contém a informação necessária para o desenvolvimento e funcionamento de um organismo. O genoma é constituído por ADN, que é uma longa cadeia de nucleótidos. Estes nucleótidos armazenam a informação genética sob a forma de quatro letras: A, T, C e G, que representam os quatro tipos de bases azotadas na molécula de ADN.

O conceito de inter-relação genómica é crucial em genética e genómica, uma vez que se refere às ligações estreitas entre as espécies e os seus genomas. Esta inter-relação permite compreender a história evolutiva da vida na Terra e as relações entre as espécies.

Uma das principais formas de estudar a inter-relação é através da genómica comparativa. Isto envolve a comparação dos genomas de diferentes espécies para identificar semelhanças e diferenças. Esta abordagem permite compreender as relações evolutivas entre as espécies, incluindo o momento em que as espécies evoluíram e a forma como estão relacionadas. Por exemplo, a comparação dos genomas dos seres humanos e dos chimpanzés fornece informações valiosas sobre a sua história evolutiva. Os genomas destas duas espécies são quase idênticos, com diferenças apenas em cerca de 1-2% do seu ADN. Este facto sugere que os humanos e os chimpanzés estão intimamente relacionados e que evoluíram a partir de um antepassado comum.

A inter-relação também tem aplicações práticas na medicina e na biotecnologia. Ao comparar genomas, os cientistas podem descobrir as causas genéticas das doenças e desenvolver novos tratamentos.

Podem ser comparados três tipos de genomas:

1. Genoma nuclear: Refere-se ao material genético encontrado no núcleo de uma célula, que inclui tanto os cromossomas (estruturas que transportam a informação genética) como o ADN não cromossómico. Na maioria dos organismos, o genoma nuclear é o maior e mais complexo componente do genoma.

2. Genoma mitocondrial: Refere-se ao material genético encontrado nas mitocôndrias, os organelos que produzem energia para a célula. O genoma mitocondrial é muito mais pequeno do que o genoma nuclear e normalmente contém apenas alguns genes que são importantes para a produção de energia.

3. Genoma do cloroplasto: Refere-se ao material genético encontrado nos cloroplastos, os organelos que realizam a fotossíntese nas plantas e algas. O genoma do cloroplasto é também mais pequeno do que o genoma nuclear e contém genes envolvidos na fotossíntese e na manutenção do cloroplasto.

O grau de parentesco entre genomas pode ser determinado através da comparação das suas sequências genéticas. Isto pode ser feito a vários níveis, incluindo:

1. Sequência de ADN: Refere-se à ordem específica dos

nucleótidos (A, C, G e T) numa molécula de ADN. A comparação de sequências de ADN pode revelar semelhanças e diferenças entre genomas e pode fornecer informações sobre relações evolutivas.

2. Conteúdo genético: Refere-se ao número e tipos de genes presentes num genoma. A comparação do conteúdo genético pode revelar semelhanças e diferenças entre genomas e pode fornecer informações sobre as funções e adaptações de diferentes organismos.

3. Estrutura cromossómica: Refere-se à organização e disposição dos cromossomas dentro de um genoma. A comparação da estrutura cromossómica pode revelar semelhanças e diferenças entre genomas e pode fornecer informações sobre a história evolutiva de diferentes organismos.

Em geral, o grau de parentesco pode variar muito entre genomas, com alguns organismos a estarem muito intimamente relacionados (como diferentes espécies dentro do mesmo género) e outros a estarem mais distantemente relacionados (como diferentes filos ou reinos).

Princípio

O processo de medir a semelhança entre sequências de ADN de espécies diferentes é conhecido como hibridação. Esta técnica é utilizada para estimar até que ponto organismos de espécies diferentes têm sequências de ADN comuns.

O processo de hibridação é efectuado numa série de etapas. Em primeiro lugar, uma solução de ADN desnaturado de uma espécie é filtrada através de uma membrana. O ADN de cadeia simples adere ao filtro e fica irreversivelmente ligado a ele quando o filtro é seco ao ar.

Em seguida, o filtro é incubado numa solução de ADN heterólogo desnaturado. A incubação é efectuada a uma temperatura 25° C inferior à temperatura de fusão do ADN desnaturado na solução. A incubação provoca a formação de duplexes entre o ADN ligado ao filtro e o ADN presente na solução. Se o ADN da solução for marcado isotopicamente, os híbridos ligar-se-ão ao filtro. No entanto, formam-se moléculas híbridas livres na solução, que não são detectadas por não estarem ligadas ao filtro.

A experiência mede a capacidade diferencial de algum ADN heterólogo para formar híbridos de ADN/ADN, estimando assim as semelhanças das diferentes sequências de ADN. Para o efeito, compara-se a quantidade de híbridos formados quando não está presente qualquer concorrente com a quantidade de híbridos formados na presença de diferentes quantidades de concorrente. Antes de iniciar a experiência, as soluções de ADN são desnaturadas, colocando-as num banho de água a ferver durante 10 minutos.

Procedimento

Passo-1: Preparação dos tubos para análise de ADN

1.   Recolher tubos para o ADN de cada concorrente.
2.   Adicionar um filtro de ADN homólogo e heterólogo a cada tubo.
3.   Bater suavemente nos tubos para misturar o conteúdo.

4.   Adicionar 0,5 ml de líquido para cobrir a parte superior dos tubos.

5.   Cobrir os tubos e colocá-los num banho de água a 61° C durante 18 horas.

Etapa 2: Analisar os filtros para a formação de híbridos

1.   Uma hora antes do fim do período de incubação, colocar no banho-maria um suporte contendo I XSSC.
2.   Retirar os filtros dos tubos e transferi-los para a I XSSC.
3.   Filtros de arranque rápido emIXSSC.
4.   Transferir os filtros de uma fila de tubos para a seguinte, até estarem todos na terceira fila.
5.   Secar os filtros sobre uma folha de papel de cozinha.
6.   Fixar os filtros à toalha e incubar a 60° C durante 20 minutos.
7.   Colocar os filtros num frasco de cintilação e contar durante 10 minutos.
8.   Deitar os filtros num contentor para resíduos radioactivos.

Etapa 3: Tratamento e análise dos dados

1.   Subtrair as contagens por minuto do filtro heterólogo às do filtro homólogo.
2.   Exprima os resultados em percentagem.
3.   Trace os resultados graficamente para mostrar a percentagem de híbridos formados em função da quantidade de ADN concorrente adicionada.

Hibridação in situ

Os estudos de hibridação in situ nos cromossomas proporcionam uma abordagem ao mapeamento genético da sequência de interesse. Quando um dos parceiros de hibridação permanece in situ, utilizando uma determinada sonda de polinucleótidos marcados (ADN ou ARN), é possível determinar a localização das sequências homólogas nas células. O padrão de organização funcional ou a sua expressão também podem ser convenientemente estudados por esta técnica a nível celular ou de órgão.

A hibridação in situ (ISH) é uma técnica laboratorial utilizada para detetar e mapear a localização de sequências específicas de ARN ou ADN em células ou tecidos. O processo envolve a marcação de uma sonda específica de ARN ou ADN com uma etiqueta fluorescente ou radioactiva e, em seguida, a hibridação da sonda com a sua sequência alvo complementar dentro da amostra.

Os passos básicos da ISH incluem:

1. Preparação da amostra: O tecido ou as células são fixados e incorporados num bloco de parafina ou numa secção congelada.

2. Preparação da sonda: A sonda específica de ARN ou ADN é marcada com uma etiqueta fluorescente ou radioactiva, como a digoxigenina ou a biotina.

3. Hibridação: A sonda marcada é adicionada à amostra e deixa-se hibridar com a sua sequência alvo. A sonda ligar-se-á apenas à sua sequência-alvo específica, permitindo a deteção e localização dessa sequência específica na

amostra.

4. Deteção: A sonda hibridizada é detectada utilizando um método de deteção adequado, como um microscópio fluorescente ou uma autoradiografia.

5. A ISH é uma técnica poderosa que permite a visualização de sequências específicas de ARN ou ADN em células ou tecidos, e pode ser utilizada para estudar padrões de expressão genética, anomalias cromossómicas e infecções virais, entre outras aplicações.

Estoque

1. 20XSSC
    Cloreto de sódio 3 M
    Citrato de sódio 0,3 M

2. Solução de gelatina 0,1%
    Gelatina 100 mg
    Água destilada 100 ml
    (aquecer a 70° C durante 1 hora)

3. Acetato de sódio 3 M
    (pH 5,2 com a ajuda de ácido acético glacial)

4. RNase 10 mg /10ml

5. Álcool 70/90/100%

6. Tris
    (pH 7,5, pH 8,0, pH 9,5) 1 M
    Cloreto de sódio 5 M
    EDTA 0,05 M
    TE

7. Tris

    10 mM (pH 8,0) EDTA 1 mM

8. Sonda de ADN marcada com digoxigenina-dUTP

9. SalmonspermDNA10mg/ml

10. Mistura de hibridação

11. Amortecedores

    I   - Tris100mM,pH7,5 ;NaCl150 mM
    II   - Reagente de bloqueio em tampão -1 0,5% p/v
    III - Tris 100 mM, pH 9,5; NaCl 100 mM, MgCl$_2$ 50 mM
    IV   - Tris 10mM,pH8.0;EDTA 1mM

12. Revelador (a preparar fresco)
    Nitroblue Tetrazolium 4,5 µl
    (NBT 75 mg/ml em formamida dimetílica)
    Fosfato de 5-bromo-4-cloro-3-Indolilo 3,5 µl
    (50 mg/ml em Dimetil formamida)
    Tampão - III para perfazer 1 ml

13. Manchas
    Safranina 100 mg
    Água destilada 100 mg
    (Dissolver a safranina em pó em água à temperatura ambiente. O corante preparado pode ser armazenado e utilizado posteriormente).

14. Montante de Entellan

Material de laboratório

1. Três incubadoras, pré-ajustadas a 37⁰ , 42⁰ e 60° C.
2. Lâminas de vidro esterilizadas e tampas de vidro

3. Prateleiras de deslizamento

4. Tabuleiros de lâminas

5. Frascos de acoplamento

6. Agitador magnético

7. Micropipetas

8. Pontas de pipetas

9. Caixa de plástico

10. Fórceps

Procedimento

Passo 1: Para marcar o ADN da sonda

A hibridação in situ de cromossomas é um método utilizado para mapear geneticamente uma sequência específica de ADN. Este método utiliza uma sonda de polinucleótidos marcados (ADN ou PNA) para identificar a posição de sequências homólogas nas células quando um dos parceiros de hibridação ainda está no local. Esta técnica permite o estudo do padrão de organização funcional ou de expressão a nível celular ou de órgão.

Uma forma de marcar o ADN da sonda é através do método Random Priming, que envolve os seguintes passos:

1. Desnaturar uma quantidade necessária de ADN linear, aquecendo-o em água a ferver durante 10 minutos e, em seguida, arrefecendo-o rapidamente em gelo.

2. Adicionar 2 µl de mistura de hexanucleótidos, 2 µl de mistura marcada com dUTP, 19 µl de água destilada e 1 µl de enzima de Klenow (3-5 unidades) ao ADN arrefecido.

3. Incubar a mistura a 37° C durante uma hora, depois adicionar 0,8 ml de EDTA 0,5 M para parar o processo

(concentração final 20 m M)

4. Adicionar 2,0 µl de ADN de esperma de salmão (10 mg/ml), 2,5 µl de cloreto de lítio (4 M) e 75 µl de etanol pré-refrigerado (-20° C) ao ADN marcado para o precipitar.

5. Incubar a mistura a -70° C durante duas horas, depois centrifugar os tubos durante 30 minutos a 4° C a 12.000 rpm.

6. Separar o sobrenadante do pellet e lavá-lo com etanol a 70%. Secar num ambiente quente.

7. Dissolver a sonda marcada no volume necessário de TE.

A sonda marcada pode ser armazenada a -20° C durante mais de dois anos.

Etapa 2: Testar a eficácia da rotulagem DIG

1. Pegar num pequeno pedaço de membrana de nylon e humedecê-lo com 2X SSC sob vácuo. Deixar secar à temperatura ambiente durante cerca de 30 minutos.

2. Ligar o ADN da sonda à membrana, aquecendo o filtro durante duas horas a 70° C ou expondo-o a UV durante três a quatro minutos num transluminador.

3. Limpar brevemente o filtro com tampão I.

4. Bloquear a superfície da membrana durante 30 minutos à temperatura ambiente em Buffer II para facilitar a utilização subsequente de um anticorpo que se ligue especificamente à membrana. Utilizar o tampão I para enxaguar.

5. Incubar em conjugado anticorpo-enzima anti-DIG (1 µl em 4 ml de tampão-1) durante 30 minutos à temperatura ambiente.

6. Lavar duas vezes em tampão I com um intervalo de 15

minutos entre cada lavagem. Enxaguar brevemente com tampão III

7. Coloque a mancha num pequeno saco de polietileno, adicione o revelador de cor e feche o saco numa área pouco iluminada.

8. Embrulhar a mancha com papel de alumínio e incubá-la dentro de um saco selado num armário escuro até aparecer o nível desejado de sinal de cor.

9. Retirar a mancha do saco e mantê-la em tampão IV para parar a reação logo que surja um sinal suficiente. A mancha deve ser mantida seca ou em tampão IV.

Notas

Em circunstâncias ideais de marcação da sonda, 0,1 pg de sonda produz um sinal mensurável em menos de 30 minutos.

Passo 3: Cuidar dos diapositivos preparados

1. Em primeiro lugar, submergir as lâminas numa solução de gelatina a 0,1% recentemente preparada, durante 3-5 segundos. Isto é feito para aplicar uma camada de gelatina nas lâminas, o que ajuda a manter as células num bom estado, impedindo a ligação da sonda. Depois disso, secar as lâminas ao ar.

2. Colocar 100 ml de PNase (100 g/ml em 2 X SSC) sobre o material nas lâminas. Em seguida, cobrir cada preparação com vidros de cobertura de 22 mm^2 e colocar as lâminas numa câmara húmida com papéis de filtro embebidos em 2 X SSC. As lâminas devem ser incubadas durante 2 horas à temperatura ambiente. Este passo ajuda a remover

qualquer PNA das preparações.

3. Após a incubação de 2 horas, mergulhar suavemente as lâminas num copo contendo 2 X SSC e deixar que os vidros de cobertura caiam na solução. Limpar as lâminas três vezes em 2 X SSC durante 5 minutos cada, duas vezes em etanol a 70% durante 10 minutos cada e uma vez em etanol a 95% durante 5 minutos. Se necessário, secar ao ar e guardar as lâminas dessa forma. Este passo ajuda a remover qualquer PNase remanescente e a limpar as lâminas.

4. Em seguida, mergulhar as lâminas em 0,07 N-NaOH durante 3 minutos para desnaturar o ADN cromossómico. Este passo ajuda a quebrar qualquer ADN presente nas lâminas.

5. Finalmente, lavar as preparações duas vezes em etanol a 95% durante 5 minutos cada e três vezes em etanol a 70% durante 10 minutos cada. Secar as lâminas ao ar. Este passo ajuda a remover qualquer resto de NaOH e a limpar as lâminas. As lâminas preparadas estão agora prontas para serem utilizadas.

Mistura de hibridação

1. Formamida 500 µl
2. 20XSSC 250 µl
3. Sonda marcada com DIG (por lâmina) 10-20 ng
4. H_2 OtomakelOOO µl

*Para uma lâmina, são suficientes 15 a 20 µl de mistura de hibridação.

Etapa 4: Hibridação

A hibridação é um processo utilizado para identificar regiões específicas de ADN num cromossoma. Os passos seguintes descrevem o procedimento para efetuar a hibridação utilizando uma sonda de ADN marcada e uma mistura de hibridação.

1. Para desnaturar o ADN da sonda marcada, colocar os tubos que contêm a sonda num banho de água a ferver durante 10 minutos. Isto fará com que o ADN de cadeia dupla se separe em cadeias simples. Após a desnaturação, adicionar a quantidade desejada de sonda desnaturada à mistura de hibridação.

2. Misturar 20 µl da mistura de hibridação com 10-20 ng da sonda marcada. Colocar um vidro de cobertura sobre a mistura e selar os bordos com DPX.

3. Incubar as lâminas durante 12-14 horas a 37° C num ambiente húmido e fechado. Isto permitirá que a sonda se ligue à sua sequência complementar no cromossoma.

4. Após o período de incubação, remover o selo DPX com uma pinça e mergulhar as lâminas em SSC 2X para remover o vidro de cobertura.

5. As lâminas devem ser lavadas três vezes numa SSC durante 15 minutos cada, a 60° C. Este passo é importante para remover qualquer sonda não ligada e outros contaminantes.

Passo 5: Deteção de cor

1. Lavar as lâminas durante um minuto em tampão I e 30 minutos em tampão

II. Esta etapa é necessária para remover quaisquer contaminantes remanescentes da etapa de lavagem anterior.

2.   Lavar novamente as lâminas durante um minuto em tampão I.

3.   Incubar as lâminas em conjugado de fosfatase alcalina de anticorpo anti-Digoxigenina durante 30 minutos, após diluição a 1:5000 em tampão I. Este passo é necessário para ligar a sonda ao cromossoma.

4.   Lavar as lâminas duas vezes durante dois minutos cada em tampão I, seguido de um enxaguamento em tampão III.

5.   Dependendo do sinal pretendido, colocar 20-30 µl de reagente de cor acabado de preparar na lâmina, cobri-la com um vidro de cobertura e selá-la com DPX. Deixar a lâmina numa sala escura à temperatura ambiente durante 1-12 horas.

6.   Examinar as lâminas ao microscópio antes de as colocar no tampão IV para parar a reação.

7.   Após a coloração de contraste com safranina durante 5-10 segundos e secagem ao ar, lavar a superfície duas vezes com água destilada.

8.   Deixar secar ao ar os retoques finais antes da montagem com Entellan (E. Merk).

Resultado

A sonda hibridizada liga-se a regiões específicas dos cromossomas, causando um depósito de cor azul-púrpura. Utilizando mapas de cromossomas politénicos, é possível identificar a localização exacta do sinal de hibridação.

Notas

Devem ser considerados vários factores para garantir que o sinal de hibridação é forte e preciso.

1. A qualidade da preparação cromossómica é decisiva. Se os cromossomas não forem preparados corretamente, o sinal de hibridação pode ser fraco ou não ser visível.

2. O processo de desnaturação dos cromossomas deve ser regulado com precisão para evitar a destruição dos pormenores estruturais. A sonda deve também ser desnaturada imediatamente antes da sua utilização.

3. Uma lavagem inadequada após a hibridação e a ligação do anticorpo pode resultar num fundo indesejável. É importante lavar corretamente as lâminas para remover o excesso de sonda e anticorpo.

4. A utilização de safranina pode melhorar a forma e o contraste dos cromossomas, facilitando a visualização do sinal de hibridação. Se a safranina não estiver disponível, pode ser utilizada uma coloração alternativa de aceto-orceína a 2%. No entanto, é necessário ter cuidado para evitar que a coloração oculte o sinal de hibridação.

5. É importante evitar a formação de bolhas de ar durante a montagem do vidro de cobertura. As bolhas de ar podem impedir a resposta local e obstruir o sinal de hibridação, conduzindo a resultados incorrectos.

Amplificação do ADN através da reação em cadeia da polimerase

A reação em cadeia da polimerase, vulgarmente conhecida como PCP, é uma técnica laboratorial utilizada para amplificar sequências de ADN específicas. Envolve várias etapas, desde a identificação da sequência alvo, a conceção e verificação da especificidade dos primers, a otimização das condições de PCP, a análise dos resultados e, finalmente, o início da reação e a visualização dos resultados.

Desenho de primers

A conceção dos primers é um passo importante no processo de PCP. Devem ser concebidos iniciadores eficazes para assegurar a amplificação exacta da sequência alvo. A sequência do iniciador deve ser complementar às sequências de flanqueamento da região-alvo e não deve conter quaisquer sequências repetidas ou em execução que possam causar erros de priming. O iniciador deve corresponder à sequência-alvo na extremidade 3' e não deve haver sequências complementares entre os iniciadores para evitar dímeros de iniciadores. O comprimento do primer deve situar-se entre 18-25 pares de bases e o conteúdo ótimo de GC deve situar-se entre 40-60%. O teor de GC é calculado dividindo o número de bases G e C pelo número total de bases A, T, G e C e multiplicando por 100.

A temperatura de fusão (Tm) é uma medida da temperatura à qual a molécula de ADN de cadeia dupla se separa em duas cadeias simples. É importante que a Tm se situe no intervalo de 50-60º C e que a diferença de Tm entre o iniciador direto e o iniciador inverso não exceda 5° C. O Tm pode ser calculado utilizando a fórmula [(G + C)*4] + [(A + T)* 2].

A temperatura de recozimento (Ta) é a temperatura a que os primers se ligam ao ADN alvo. É importante que a Ta não seja demasiado alta nem demasiado baixa, uma vez que isso pode levar a um baixo rendimento do produto ou a produtos não específicos. A presença de bases G ou C nas últimas cinco bases da extremidade 3' dos primers é conhecida como grampo GC, e promove a ligação específica na extremidade 3'. O grampo GC não deve ser superior a 2 Gs ou Cs.

A pinça GC refere-se à presença de bases G ou C nas últimas cinco bases da extremidade 3' dos primers. Promove a ligação específica na extremidade 3' e não deve ser superior a 2 Gs ou Cs. Existem várias ferramentas disponíveis para a conceção de primers, como a ferramenta de conceção de primers do NCBI e o Primer3 ou primer3Plus, e é importante verificar a especificidade executando um BLAST no NCBI.

A otimização de PCP é o processo de encontrar o conjunto de condições mais eficiente para uma reação de PCP. Reacções diferentes podem exigir condições diferentes para produzir os melhores resultados, e é importante otimizar as condições para obter os melhores resultados.

A análise pós-PCP refere-se à análise dos produtos de uma reação de PCP, conhecidos como amplicões. Um método comum de análise consiste em separar o ADN por tamanho utilizando um gel de agarose. O gel fornece provas visuais do sucesso ou insucesso da reação e a concentração de agarose utilizada é determinada pelo tamanho do amplicão.

A PCP tem várias vantagens, incluindo a simplicidade, a facilidade de utilização, a sensibilidade e a disponibilidade de reagentes e equipamento. O procedimento operacional normalizado para a técnica foi amplamente validado.

O PCP tem muitas aplicações diferentes, incluindo genotipagem, clonagem, deteção de mutações, sequenciação, microarrays, PT-PCP, forense e testes de paternidade. A sua versatilidade torna-a uma ferramenta valiosa em muitos domínios diferentes de investigação e análise.

1. Para amplificar uma região específica do ADN.
2. Para preparar os primers corretos.
3. Determinar os parâmetros que podem afetar a especificidade, a fidelidade e a eficiência da PCR.

Estoque

1. ADN genómico purificado de Calotes machos e fêmeas
2. Solução de reserva de cada iniciador 10 pM/µl
3. Tampão de polimerase Taq 10X
    KCl 500 mM
    Tris-HCl (pH 8,4 a 26^0 C) 100 mM
    $MgCl_2$ 15mM
4. Gelatina 1 mg/ml
5. Mistura de DNTPs
    (cada um dos 4 dNTPs) 1,25 mM
6. Óleo mineral
7. 1%Agarosegel

Material de laboratório

Termociclador/ 3 banhos de água regulados para 92^0 C, 72^0 C e

60° C.

Procedimento

O processo de amplificação do ADN através da Reação em Cadeia da Polimerase (PCR) requer uma seleção cuidadosa do ADN utilizando dois iniciadores. Estes iniciadores são concebidos para corresponder a duas regiões de potencial conservação da sequência que estão separadas por um segmento de ADN de cerca de 60 a 1000 nucleótidos. A conceção dos iniciadores da PCR é um aspeto crucial do processo de amplificação.

Para criar os primers, o primeiro passo é identificar as regiões conservadas das proteínas. Em seguida, são sintetizados primers de oligonucleótidos degenerados para fazer corresponder as potenciais sequências de ADN que poderiam codificar os aminoácidos. Para fazer corresponder as sequências de ADN que poderiam codificar o fragmento N-terminal da proteína, é sintetizada uma mistura de iniciadores forward. Estes primers estão posicionados mais na direção da extremidade 5' do gene. Por outro lado, os primers reversos estão posicionados mais na direção da extremidade 3' do gene e são feitos para corresponder ao complemento inverso das sequências de ADN que poderiam codificar o patch da proteína C-terminal.

Ao conceber os primers, devem ser seguidas as seguintes diretrizes:

1. Cada iniciador degenerado deve corresponder aproximadamente às potenciais sequências de ADN codificantes em pelo menos 15 a 20 nucleótidos.
2. A degenerescência deve ser introduzida na metade 3' da

sequência do iniciador (em 6-10 posições nucleotídicas) de modo a que todos os códons possíveis que possam codificar os aminoácidos conservados estejam representados.

3. A base terminal 3' do iniciador direto deve corresponder à segunda posição do códão de um aminoácido codificado por 2, 3 ou 4 códões (excluindo Arg, Leu, Ser) ou à terceira posição de um códão Met ou Trp. A base 3' terminal do iniciador inverso deve complementar a primeira base de um codão que especifique um aminoácido codificado por poucos codões alternativos (por exemplo, Met, Cys, Trp, His....).

4. A degenerescência deve ser mantida baixa (até 1024 vezes) através da seleção adequada dos sítios de iniciação.

5. As sequências dos iniciadores não devem ter polímeros de mono ou dinucleótidos e não devem terminar em três resíduos de GorC na extremidade 3'.

6. Se os genes que se está a tentar clonar são mais variados do que a espécie

para o qual tem dados, desenhe primers em torno de regiões ricas em Cys, His e Pro. Estes aminoácidos são menos susceptíveis de sofrer alterações. Evite regiões ricas em Ser, Ala, Asp, Glu, Phe, Tyr e Arg, porque são mais susceptíveis de sofrer alterações

7. Se o fragmento de ADN amplificado for superior a 600 pares de bases, a extremidade 5' de cada iniciador deve ser alterada de modo a que esteja presente um local de restrição de seis cortadores.

8. Utilizando um software compatível, assegurar que as

sequências de primers concebidas não formam híbridos estáveis entre si ou entre misturas de primers degeneradas. Evitar a complementaridade de mais de três bases contíguas se estas se situarem na extremidade 3' de um iniciador.

A conceção adequada dos primers é crucial para uma amplificação bem sucedida do PCP, e as diretrizes fornecidas acima podem ser utilizadas como referência para garantir que os primers correspondem às sequências de ADN desejadas e produzem resultados exactos.

Procedimento

1. Pegue em dois tubos Eppendorf limpos de 1,5 ml cada (um para o ADN genómico masculino e outro para o feminino) e adicione

    > Tampão de polimerase 10x 5 µl
    > Mistura de dNTPs 8 µl
    > Primers (10 pM/ul) 3 µl cada
    > ADN genómico (macho e fêmea separadamente) 100 ng cada
    > Taq polimerase 1 U
    > Água destilada para perfazer 50 µl
    > Misturar e cobrir com 50 ul de óleo mineral.

2. Configurar a máquina de PCR com condições de ciclagem adequadas (temperatura, tempo e número de ciclos). Por exemplo, um passo inicial de desnaturação a 95° C durante 3 minutos, seguido de 35 ciclos de desnaturação a 95° C durante 30 segundos, recozimento a 55° C durante 30

segundos e extensão a 72° C durante 1 minuto. A extensão
final é normalmente efectuada a 72° C durante 10 minutos.

3. Para visualizar as bandas de ADN amplificadas, carregar os
    produtos de PCR num gel de agarose e efetuar uma
    eletroforese em gel. Capturar uma imagem do gel
    utilizando um sistema de imagem de gel.

Resultado

A reação em cadeia da polimerase (PCR) amplifica a sequência
de ADN alvo através de uma série de ciclos repetidos que
envolvem desnaturação, recozimento e extensão. O produto da
PCR resultante é uma mistura de fragmentos de ADN de
tamanhos variados, que podem ser analisados através de
eletroforese em gel. A deteção de uma banda de ADN específica
no gel confirma a amplificação bem sucedida da sequência alvo.

Vantagens e desvantagens

A PCR é uma ferramenta poderosa para isolar e amplificar
sequências de ADN específicas, tornando-a ideal para o
diagnóstico de doenças através da deteção de mutações
genéticas.

No entanto, existem dois inconvenientes principais associados à
PCR:

1. A utilização da ADN polimerase pode por vezes conduzir a
    erros e mutações no ADN amplificado.

2. Os primers utilizados na PCR podem por vezes ligar-se
    incorretamente ao ADN modelo, levando à produção de
    fragmentos de PCR não específicos.

PCR em tempo real

Procedimento

Preparar a mistura de reação qPCR num tubo de microcentrifugação esterilizado:

- Adicionar 10µl de tampão de qPCR.
- Adicionar 0,5 µl de cada um dos primers (solução-mãe de 10 µM).
- Adicionar 0,5 µl de sonda fluorescente (solução-mãe de 10 µM).
- Adicionar 0,25 µl de ADN polimerase com uma sonda fluorescente (5 U/µl de solução de reserva).
- Adicionar 4,25 µl de água esterilizada.
- Adicionar 10 µl de amostra de ADN (a concentração varia consoante a fonte e a qualidade do ADN).

Misturar bem o conteúdo do tubo com uma pipeta.

Transferir a mistura de reação para um tubo ou placa qPCR compatível com a máquina qPCR.

Preparar a máquina de qPCR com condições de ciclo adequadas (temperatura, tempo e número de ciclos), tais como:

- Um passo inicial de desnaturação a 95° C durante 3 minutos.
- Seguidos de 40 ciclos de desnaturação a 95° C durante 15 segundos, recozimento/extensão a 60° C durante 60 segundos e leitura da placa a 60° C.
- Analisar os dados da qPCR utilizando software adequado para obter um valor do ciclo de quantificação (Cq), que

indica o ponto em que o sinal de fluorescência do ADN amplificado atinge um nível limiar. O valor Cq é utilizado para calcular a quantidade de ADN presente na amostra.

Resultado

A PCR em tempo real, também conhecida como PCR quantitativa (qPCR), permite a deteção e quantificação em tempo real do ADN amplificado durante o processo de amplificação. Esta técnica utiliza corantes fluorescentes ou sondas que se ligam especificamente ao produto de ADN amplificado, permitindo a monitorização em tempo real da reação. Os resultados são normalmente apresentados sob a forma de um gráfico da intensidade de fluorescência ao longo do tempo, o que permite determinar a quantidade de ADN molde inicial e a eficiência da reação de amplificação.

Nota

- Antes de realizar a experiência, é essencial tomar as precauções necessárias para garantir a segurança no laboratório, manter a qualidade e a pureza do material de ADN inicial, otimizar a conceção dos primers e as condições de reação e minimizar as potenciais fontes de contaminação.
- A incorporação de controlos positivos e negativos adequados pode garantir resultados exactos e fiáveis.
- Na PCR em tempo real, é fundamental calcular o valor do ciclo limiar (Ct) com precisão. O valor Ct indica o ponto em que o sinal de fluorescência atinge um nível de limiar definido. A utilização de software adequado para a análise de dados também é crucial.

Otimização da temperatura de recozimento

- Aperfeiçoar os parâmetros que afectam os resultados da PCR.
- Para ajustar a temperatura de recozimento para obter resultados óptimos de PCR.
- Adquirir competências no processo de PCR e na utilização de um termociclador.

Princípio

Para obter resultados óptimos de PCR, é essencial estar familiarizado com a técnica de PCR e com o dispositivo do termociclador. Isto envolve uma compreensão abrangente dos conceitos básicos da PCR, incluindo as funções de cada reagente, o mecanismo de reação da PCR e os passos do ciclo térmico. A familiaridade com as caraterísticas específicas do termociclador, como a gama de temperaturas, a velocidade de rampa e as definições programáveis, é também necessária para otimizar a reação de PCR.

Procedimento

Otimização da PCR

Para otimizar uma reação de PCR, é importante ajustar e encontrar a melhor concentração de cada um dos componentes envolvidos na reação. Cada componente tem um intervalo de concentração típico ou ótimo, que tem de ser determinado através de uma série de experiências. O objetivo é encontrar a concentração ideal de cada componente para obter a amplificação mais eficiente e específica do ADN alvo. É importante notar que, ao otimizar um componente, as concentrações de outros componentes devem permanecer constantes para evitar interferências. Estes componentes incluem a Taq polimerase, os desoxirribonucleótidos (dNTPs), o magnésio, os primers forward e reverse e o modelo de ADN. Para determinar a concentração ideal, a otimização deve ser feita um componente de cada vez, mantendo os outros componentes constantes.

As concentrações óptimas destes componentes situam-se geralmente nos seguintes intervalos:

Taq polimerase a 1,25 unidades
dNTPs a 200 µM cada
magnésio a 1,5-2,0 mM
primers a 0,1-0,5 µM cada
Modelo de ADN a 1 ng-1µg

O objetivo da otimização das concentrações dos componentes é encontrar a combinação que proporciona as melhores condições de reação para uma PCR bem sucedida.

Ciclo térmico

A otimização de ciclos térmicos é o processo de encontrar a melhor temperatura e duração para cada passo no processo de Reação em Cadeia da Polimerase (PCR). O objetivo é obter os melhores resultados através da determinação da melhor temperatura, duração e número de ciclos para cada passo.

Há três fases no processo de ciclagem térmica. A primeira fase é a desnaturação inicial, que tem lugar a uma temperatura de 94-

97° C e dura 3 minutos. O objetivo desta etapa é desnaturar o modelo e ativar a DNA polimerase.

Na segunda fase, o processo de PCR é repetido 25 a 35 ciclos. Esta fase consiste em três etapas: desnaturação, recozimento e alongamento. A desnaturação ocorre a 94-97⁰ C e tem a duração de 30 segundos. O recozimento ocorre a uma temperatura de 50-65° C e tem a duração de 30 segundos. A etapa de alongamento ocorre a 72-80° C e dura entre 30 segundos e 1 minuto.

A última etapa é a fase de alongamento final que dura 5-7 minutos. Esta etapa é crucial, pois permite terminar a síntese de muitos amplicões incompletos.

Temperatura de recozimento

A temperatura óptima de recozimento refere-se à temperatura que permite que os primers se liguem melhor ao ADN alvo. Encontrar a temperatura óptima é crucial para garantir que apenas são produzidos produtos específicos e que são evitados produtos não específicos. Uma abordagem comum para otimizar a temperatura de recozimento consiste em aumentar ou diminuir gradualmente a temperatura em pequenos passos e medir a quantidade de produto amplificado produzido em cada passo, até se encontrar a temperatura óptima.

A técnica de PCR com gradiente de temperatura é frequentemente utilizada para encontrar a temperatura de recozimento óptima. Esta técnica envolve a realização da reação de PCR a diferentes temperaturas a partir de 5° C abaixo da temperatura de fusão calculada para o par de primers. Por exemplo, se a temperatura de fusão do par de primers for 58° C, a temperatura de recozimento começará a partir de 53° C e será aumentada em 8 graus, variando normalmente entre 53-60° C.

Estoque

1. PCRbuffer
2. DNATaqpolymerase
3. dNTPs
4. MgCl2
5. Primários
6. DNAtemplate
7. Água sem nuclease

Procedimento

Para realizar uma reação de PCR

Passo 1: Determinar a concentração padrão dos componentes da PCR:

1. Preparar uma tabela para calcular o volume de cada componente necessário.
2. Os componentes incluem tampão de PCR, Taq polimerase, dNTPs, $MgCl_2$, iniciador direto, iniciador inverso, DNAtemplate e água

Passo 2: Preparar a mistura principal

1. Misturar todos os componentes, exceto o modelo de ADN.
2. Multiplicar o volume de cada componente pelo número de reacções desejadas mais um para ter em conta o erro de pipetagem.

3.   Distribuir a mistura principal em tubos especiais de PCR utilizando pipetas.

4.   Juntar o tubo de ensaio de ADNtemplatetoeachtube.

Etapa 3: Centrifugar os tubos

•   Rodar brevemente os tubos para garantir que os componentes estão bem misturados

Passo 4: Definir as condições do ciclo térmico

1.   A temperatura, o tempo e o número de ciclos devem ser definidos

2.   Podem ser experimentadas diferentes temperaturas de recozimento com base no par de iniciadoresTm

Passo 5: Iniciar a reação de PCR

•   O volume final no termociclador deve ser ajustado para 50 µl

Resultado

1.   Utilizar um gel de agarose a 2% para analisar os resultados

2.   Determinar o TA ótimo.

PCR de transcrição reversa | RT-PCR

A reação em cadeia da polimerase com transcrição reversa (RT-PCR) é uma técnica que combina os princípios da transcrição reversa (RT) e da PCR para amplificar e detetar sequências específicas de ARN. A transcrição reversa é um processo que converte o ARN em ADN complementar (ADNc) utilizando uma enzima denominada transcriptase reversa. A PCR é uma técnica que amplifica sequências de ADN específicas utilizando a enzima polimerase e um conjunto de iniciadores específicos.

Os passos básicos da RT-PCR são os seguintes:

1. Transcrição reversa: A amostra de ARN é misturada com transcriptase reversa, um iniciador (frequentemente designado por iniciador oligo-dT) que se liga à cauda poli-A do ARNm, e outros reagentes como dNTPs (trifosfatos de desoxinucleósidos) e $MgCl_2$. Esta mistura é então aquecida para permitir que a transcriptase reversa sintetize o cDNA a partir do modelo de ARN.

2. Amplificação por PCR: O cDNA é então utilizado como modelo para a amplificação por PCR. A mistura da reação de PCR contém o cDNA, um conjunto de primers que se ligam especificamente à sequência alvo de interesse e a enzima polimerase. A reação de PCR é normalmente realizada num termociclador, onde a amostra é repetidamente aquecida e arrefecida para permitir que os primers se liguem ao modelo e a polimerase sintetize novas cadeias de ADN.

3.   Deteção: O produto de PCR amplificado pode então ser detectado por vários métodos, tais como eletroforese em gel, fluorescência ou sequenciação.

A RT-PCR é um método altamente eficaz que permite a deteção e quantificação de sequências específicas de ARN, mesmo em quantidades muito pequenas. Esta técnica é utilizada em vários domínios, como a biologia molecular, a genética e a medicina. Serve vários objectivos, como a análise da expressão genética, a identificação de doenças infecciosas e a descoberta de marcadores de cancro.

A técnica é frequentemente utilizada na caraterização da expressão génica, para avaliar o nível de expressão génica e determinar a sequência de um transcrito de ARN. Pode também ser utilizada para identificar a posição de exões e intrões quando a sequência de ADN genómico de um gene é conhecida. Para identificar a extremidade 5' de um gene, que representa o ponto de partida da transcrição, é efectuada a RACE-PCR (Amplificação Rápida de Extremidades de ADNc).

Ao estudar a expressão genética durante o desenvolvimento, são considerados dois aspectos principais: se um gene específico é expresso num embrião e onde é que o gene é expresso no embrião. Técnicas como a extração de ARN e o northern blotting podem demonstrar a expressão, mas a hibridação in situ é necessária para determinar a localização específica da expressão. No entanto, baixos níveis de expressão génica podem dificultar a realização destas técnicas, pelo que se utiliza a RT-PCR para amplificar as transcrições para análise e clonagem de cDNA.

Uma das principais vantagens da RT-PCR é a sua sensibilidade, que permite a deteção de moléculas de ARN de baixa abundância. Além disso, a RT-PCR pode ser utilizada para detetar tanto sequências conhecidas como desconhecidas, o que a torna uma ferramenta valiosa para a investigação baseada na descoberta. No entanto, a RT-PCR também tem algumas limitações, como a possibilidade de resultados falsos positivos, a necessidade de primers específicos e a possibilidade de contaminação.

Estoque

1. Stocksolution-D

    Isotiocianato de guanídio 10 gm Água 11,72 ml
    Citrato de sódio (pH 7,4) 0,704 ml
    Sacrocyl 10% 1,05 ml

2. Solução de trabalho - D

    Solução de reserva - D1 ml
    2 - mercaptoetanol 7,5 ml Citrato de sódio (pH 7,0) 0,75 M

3. 10%N-laurilsarcosina
4. Fenol saturado com água
5. Clorofórmio
6. Isopropanol
7. Etanol
8. Tampão de reação 10X DNase I

    Acetato de sódio 1 M
    MgSO4 1 M
    DNase I (sem RNase)

9. Inibidor de RNase

EDTA 20 mM

Oligo dT 0,5 μg/ml mistura de dNTP 10 mM

DTT0,1 M

10. Tampão de síntese 10X

11. Transcriptase reversa

12. Primários

13. Taq DNA polimerase

14. Agarose

(As soluções para extração de PNA devem ser tratadas com DEPC)

*O material de vidro deve ser tratado com ácido, autoclavado e cozido a 300oC durante 4 horas e o material de plástico deve ser lavado com clorofórmio para inativar a RNase.

Procedimento

Etapa 1: Isolamento do ARN pela técnica AGPC

1. Retirar 10 mg de tecido em PBS refrigerado.

2. Picar o tecido numa placa de gelo e homogeneizá-lo com 100 μl de solução D. Colocar o contcúdo num tubo de ensaio.

3. Em seguida, adicionar 10 μl de acetato de sódio 2M (pH 4,0), 100 μl de fenol e 200 μl de clorofórmio ao tubo de ensaio. Misturar bem num ciclomisturador e guardar a mistura em gelo durante 15 minutos.

4. Após 15 minutos, centrifugar a amostra a 10 K durante 20 minutos.

5. Remover cuidadosamente a fase aquosa (ARN), evitando a fase orgânica e a interfase (proteínas e ADN).

6. Misturar um volume igual de isopropanol com o ARN e armazená-lo a - 70° C durante 4 horas.

7. Após 4 horas, centrifugar o ARN a 10 K durante 20 minutos. Eliminar o sobrenadante e dissolver o pellet em 25 µl de solução D (1/4th volume).

8. Transferir a suspensão para um tubo Eppendorf e precipitar o ARN com 1 volume de isopropanol ou 2 volumes de etanol a -20° C durante 4 horas.

9. Centrifugar o ARN a 15 K durante 10 minutos, mantendo a temperatura a 4^0 C.

10. Lavar o pellet com etanol a 80%, sedimentar e deixar secar.

11. Tratar o extrato em água DEPC a 65^0 C durante 10 minutos, se necessário. Caso contrário, dissolver o extrato em SDS a 0,5%.

12. Finalmente, armazenar o PNA a -70° C para utilização futura.

Etapa 2: Tratamento com DNase I das amostras de PNA

Preparar uma área de trabalho com uma placa de gelo. Reunir os seguintes materiais: 1 µg de PNA, 1 tubo de microcentrífuga sem PNase (0,5 ml), 1 µl de tampão de reação 10 X DNase I, 1 µl de inibidor de PNase, 1 unidade de DNase I de grau de amplificação, água tratada com DEPC, 1 µl de EDTA 20 mM.

1. Retirar 1 µg de PNA e transferi-lo para um tubo de microcentrifugação isento de PNase.

2. Adicionar 1 µl de tampão de reação 10 X DNase I e 1 µl de inibidor de PNase ao tubo com PNA.

3. Adicionar 1 unidade de DNase I de grau de amplificação à mistura de reação.

4. Levar o volume a 10µl com água tratada com DEPC.

5. Colocar o tubo com a mistura de reação na placa de gelo e incubar a 37° C durante 15 minutos.

6. Após 15 minutos, inativar a DNase I adicionando 1 µl de EDTA 20 mM à mistura de reação e aquecendo-a a 65° C durante 10 minutos.

7. Após 10 minutos, extrair a mistura com fenol:clorofórmio e depois apenas com clorofórmio.

8. Precipitar a mistura adicionando 2 volumes de álcool.

9. Lavar a mistura com álcool a 80%.

10. Secar a mistura e dissolvê-la em água tratada com DEPC.

Etapa 3: Preparação da primeira cadeia de cDNA

1. Colocar um tubo de microcentrifugação autoclavado e adicionar 1-5 ug de PNA total em 13µl de água tratada com DEPC.

2. Em seguida, adicionar 1 µl de oligo dT (0,5 mg/ml) ao tubo e misturar suavemente.

3. Aquecer a mistura a 70° C durante 10 minutos e incubar em gelo durante um minuto.

4. Adicionar à mistura, por ordem, os seguintes componentes:

> Tampão de síntese 10X (2 µl) dNTPmix (10mM, 1 µl)
> DTT (0,1 M, 2µl) RTase (200 U/µl, 1 µl)

5. Misturar suavemente todos os componentes e recolher a mistura de reação após uma breve centrifugação.

6. Incubar a mistura à temperatura ambiente durante 10 minutos.

7. Transferir o tubo para um banho de água pré-ajustado a

42^0 C e deixar repousar durante 50 minutos.

8. Por fim, terminar a reação aumentando a temperatura para 70° C durante 15 minutos e arrefecendo depois em gelo.

Etapa 4: Reação em cadeia da polimerase

1. Preparar a mistura de reação.

Recolher uma pequena amostra de cDNA da 1.ª cadeia (aproximadamente 1 µl).
Adicionar 8 µl de tampão de síntese 10X à amostra.
Adicionar 1 µl de Primer 1 (10 µM) à mistura.
Adicionar 1 µl de Primer 2 (10 µM) à mistura.
Adicionar 1 µl de Taq DNA polimerase (5 U/µl) à mistura.
Adicionar água à mistura para perfazer um volume total de 80 µl.

2. Cobrir com óleo mineral: Agitar suavemente a mistura de reação e adicionar 2 gotas (aproximadamente 100 µl) de óleo mineral por cima para evitar a evaporação durante o aquecimento.

3. Desnaturação inicial: Colocar a mistura de reação num termociclador e aquecê-la a 94^0 C durante 5 minutos para desnaturar o ADN.

4. Repetir o ciclo de PCR 15-30 vezes:
Desnaturar o ADN a 94^0 C durante 1 minuto.
Recozinhar os primers no ADN a 50° C durante ½ minuto.
Sintetizar a nova cadeia de ADN utilizando a Taq polimerase a 72^0 C durante 1 minuto.

5. Eletroforese em gel: Retirar 10-12 µl do ADN amplificado

da mistura de reação e analisá-lo num gel de agarose para confirmar o sucesso da amplificação.

Notas

A concentração de Mg^{++} pode afetar os resultados da PCR e pode ter de ser optimizada para diferentes condições de PCR.

Digestão do ADN com RE

As endonucleases de restrição são um tipo de enzima presente nas bactérias e noutros procariotas que têm a capacidade de reconhecer e cortar sequências específicas de nucleótidos no ADN de cadeia dupla. Estas enzimas desempenham um papel na defesa da célula contra bacteriófagos virais invasores, clivando o seu ADN e impedindo a replicação. Existem mais de 300 enzimas de restrição conhecidas, e cada uma é nomeada com base no organismo de onde foi isolada.

Quando as enzimas de restrição cortam o ADN, produzem fragmentos denominados fragmentos de restrição que podem ter uma extremidade romba ou uma extremidade pegajosa. Ambos os tipos de cortes são úteis em genética molecular e podem ser utilizados para unir fragmentos de ADN. As enzimas de restrição desempenham um papel importante em várias áreas da investigação genética. Estas enzimas são concebidas para ajudar a criar novas moléculas de ADN, cortando e unindo sequências de ADN existentes através de um processo designado por tecnologia de ADN recombinante. Isto permite aos cientistas produzir material genético com caraterísticas específicas.

As enzimas de restrição são também utilizadas para estudar a estrutura genética de fragmentos de ADN e de genomas inteiros. Ao cortar o ADN em pedaços mais pequenos, podem mapear a composição genética de um organismo e fornecer informações valiosas para a investigação científica. Este processo é conhecido como Polimorfismo de Comprimento de Fragmentos de Restrição (RFLP) e é utilizado para detetar variações na sequência de nucleótidos nos fragmentos semelhantes.

Princípio

O processo de clivagem por endonucleases de restrição (ER) envolve a incubação de ADN genómico ou de fragmentos de ADN que tenham sido amplificados por PCR. A enzima ER é utilizada para restringir o ADN em sequências específicas que reconhece. Este processo resulta na produção de fragmentos de diferentes tamanhos, que podem depois ser separados por eletroforese em gel de agarose. Por exemplo, a enzima RE - Mstll aqui utilizada, corta o ADN na sequência "5-CCTNAGG-3". Para garantir o sucesso da clivagem, devem ser mantidas as condições adequadas de temperatura, pH e força iónica durante o processo de incubação.

Estoque

1. Solução de ADN (0,5 µg/µl)
2. Mstll(3U/µl)
3. Tampão de restrição 10X
4. Solução de NaCl
5. Água sem nuclease
6. 0,5 M EDTA

Procedimento

1. Reúna todos os materiais necessários, incluindo um tubo de microcentrifugação limpo, uma solução de ADN com uma concentração de 1 µg/µl, tampão de restrição 10X, uma solução de NaCl e água.
2. Rotular o tubo de microcentrifugação.
3. Adicionar os seguintes componentes ao tubo:

   • Iploft theDNAsolution

- 2µl do tampão de restrição 10X
- 1 µl da solução de NaCl
- 15 µl de água

4. Adicionar MstII à mistura de reação. A quantidade de MstII deve ser de 3 unidades por cada micrograma de ADN.
5. Incubar a mistura de reação durante 20 minutos a 37° C numa incubadora.
6. Parar a reação adicionando 0,5 µl de EDTA 0,5 M.
7. Adicionar 5 µl de tampão de carregamento do gel à mistura de reação.

Isto permitirá que a mistura seja carregada no gel e seja submetida a uma eletroforese para visualizar os efeitos da enzima de restrição no ADN.

Digestão do ADN com RE em Bacteriófago

As enzimas de restrição são proteínas especializadas que se encontram em várias bactérias e organismos unicelulares. Estas enzimas são concebidas para procurar numa extensão de ADN uma sequência de bases específica. Esta sequência tem normalmente entre 4 e 6 pares de bases e é designada por sítio de reconhecimento. Quando a enzima encontra este sítio de reconhecimento, liga-se à molécula de ADN e cliva cada uma das cadeias da dupla hélice, resultando na fragmentação da molécula de ADN.

Nesta experiência, vamos trabalhar com um vírus chamado Bacteriófago λ. Este vírus foi especialmente concebido para infetar bactérias e tem sido objeto de muitos estudos em biologia molecular. Vamos retirar o ADN deste pequeno vírus e cortá-lo em pedaços mais pequenos, utilizando enzimas de restrição. O genoma do Bacteriófago λ é bastante pequeno, contendo apenas 48.502 pares de bases, o que é muito mais curto do que o genoma humano, que contém cerca de 3 mil milhões de pares de bases.

Depois de cortar o ADN em pedaços mais pequenos, utilizamos a eletroforese para separar o ADN fragmentado num gel de agarose. Para tal, adiciona-se um tampão de carga à amostra de ADN para inibir a enzima de restrição e, em seguida, expõe-se a amostra a um campo elétrico durante a noite. Isto leva os fragmentos de ADN a migrarem para o gel. Quando a migração estiver completa, o gel é tingido com azul de metileno, o que permite que as bandas de ADN se tornem visíveis. O gel pode então ser fotografado e o padrão assim obtido pode ser comparado com um resultado previsto para descobrir a localização de genes e regiões específicas no genoma.

1. Aprender sobre a natureza e o funcionamento de uma enzima de restrição do ADN.
2. Adquirir competências na utilização de micropipetas
3. Familiarizar-se com a eletroforese de ADN
4. Identificar uma amostra de ADN através de um mapa de digestão de restrição
5. Para comparar as bandas de ADN λ num gel com um mapa de restrição de ADN λ conhecido

Estoque

Equipamento

1. Câmara de eletroforese
2. Recipiente com solução TBE (1X)
3. Arrefecedor com gelo triturado
4. Congelador (gelado, se possível)
5. Suporte para microtubos
6. Quatro microtubos
7. Câmara, se desejado
8. Luvas
9. 37° C banho-maria com prateleira flutuante
10. 60° C banho-maria ou caçarola sobre uma placa de aquecimento
11. Micropipeta de 20 μl (ou micropipeta de 10 μl) e pontas esterilizadas
12. Abertura à prova de água
13. Copo de 500 ml

Reagentes

1.   Béquer ou copo de espuma com gelo picado para o
seguinte:

> 20 µl de 0,4 µg/µl de ADN λ
> 2.5 µl de enzima de restrição BamHI
>
> 2.5 µl de enzima de restrição EcoRI
> 2.5 µl Enzima de restrição HindlII
> 10 l de água destilada

2.   1,0%agarosegel
3.   20µl10X corante de carga
4.   0,002% de coloração azul de metileno
5.   Água destilada

Procedimento

Etapa 1: Preparação para a eletroforese em gel

Preparativos prévios

1.   Verifique se a solução 1X TBE da atividade anterior de
      Eletroforese em gel com corantes ainda está disponível
      para reutilização.
2.   Recolha cubos de gelo e copos de espuma suficientes para
      cada grupo de laboratório utilizar como recipientes para
      manter os digeridos de restrição frescos durante o
      laboratório.
3.   Aquecer uma panela de água a 55° C numa placa de
      aquecimento para ser utilizada para aquecer os digestos de
      restrição.
4.   Encher outra panela com água e aquecê-la a 37° C numa

placa de aquecimento que será utilizada para aquecer o ADN lambda.

5. Para reconstituir o ADN lambda, adicioná-lo a água destilada estéril até atingir uma concentração de 0,4 g/l.
6. Para cada grupo, medir as quantidades necessárias de ADN lambda, enzimas e corante de carga e guardá-las no congelador até ao laboratório.
7. Preparar a solução de gel de agarose a 1,0% fundindo 1,0 g de agarose em 100 ml de tampão TBE 1X no micro-ondas ou numa placa quente e guardá-la no frigorífico se não for utilizada nos 30 minutos seguintes.

Para preparar o gel para eletroforese, siga estes passos:

1. Antes de iniciar o procedimento, calçar luvas e manter todas as enzimas necessárias e as alíquotas de ADN em gelo para manter a sua integridade.
2. Rotular 4 microtubos com as seguintes etiquetas - tampão 10X, ADN, BamHI, EcoRI, HindIII e água. Colocar estes tubos num suporte de tubos para facilitar o acesso.
3. Utilizando uma micropipeta regulada para 4 µl, adicionar 4 µl de tampão 10X a cada um dos quatro tubos. Certifique-se de que utiliza uma nova ponta para cada tampão para evitar a contaminação.
4. Utilizando a mesma micropipeta, adicionar 4,0 µl de ADN a cada um dos quatro tubos, utilizando novamente uma nova ponta para cada amostra.
5. No tubo de controlo, adicionar 32,0 µl de água destilada e nos outros tubos de reação, adicionar 30,0 µl.
6. Fechar os microtubos e colocá-los num banho-maria a 55°

C durante 10 minutos para aquecer as amostras. Imediatamente a seguir, colocar os tubos em gelo durante 2 minutos.

7. Adicionar 2 µl da enzima de restrição relevante a cada um dos tubos de reação. Certifique-se de que utiliza uma nova ponta para cada enzima para evitar a contaminação.

8. Fechar as tampas dos microtubos e bater levemente com o fundo dos tubos na secretária para garantir que todo o líquido se depositou no fundo. Finalmente, incubar os tubos durante a noite a 37° C.

Os tubos serão congelados até à sua utilização e podem ser utilizados no prazo de 60 dias.

Passo 2: Colocar o gel no tabuleiro

1. Aquecer uma panela com água a 60° C.

2. Deitar géis de agarose suficientes na panela para os aquecer e liquefazer.

3. Fixar as extremidades do tabuleiro de gel com fita adesiva e colocar o pente de plástico nas ranhuras.

4. Verter aproximadamente 35-40 ml de agarose em cada tabuleiro de gel para criar um gel espesso.

5. Deixar o gel arrefecer e solidificar (cerca de 15 minutos).

6. Armazenar os tabuleiros de gel durante a noite num recipiente ou num saco ziploc com solução TBE 0,5X para evitar a secagem.

Procedimento para colocar o gel no tabuleiro e carregar o tampão:

1. Calce as luvas. Encha um copo de esferovite com gelo e

coloque nele os tubos de digestão do ADN.

2. Pegar no gel de agarose a 1,0% e colocá-lo na caixa de gel com os poços na extremidade negativa.

3. Adicionar cuidadosamente 150 ml de solução TBE 1X à caixa de gel, certificando-se de que o gel fica coberto com 2 mm de tampão.

4. Retirar cuidadosamente o pente e certificar-se de que o tampão cobre o gel.

5. Aquecer os microtubos num banho de água a 60° C durante 3 minutos para garantir que o ADN está em forma linear.

6. Utilizar uma micropipeta regulada para 4 µl e adicionar 4 µl de corante de carga ao fundo de cada microtubo.

7. Preparar o aparelho de eletroforese. Utilizando uma micropipeta, colocar 20 µl de cada amostra num poço.

8. Ligar a fonte de alimentação durante 30-45 minutos e desligar quando o corante púrpura estiver a 1 cm da extremidade do gel.

9. Desligar a caixa do gel. Para visualizar as bandas, colocar o gel numa solução de azul de metileno a 0,002% em TBE 0,1X e corar durante a noite a 4° C ou durante 2 horas à temperatura ambiente.

Etapa 3: Observação

1. Retirar os géis dos alunos do frigorífico.

2. Coloque os recipientes para coloração perto de um lavatório e tenha em atenção que os géis podem ser deitados fora no recipiente de lixo normal.

Proceder da seguinte forma:

1. Pegue no gel e coloque-o sob luz branca.

2. Observar atentamente o gel para ver se as bandas são visíveis.

3. Se as bandas não forem visíveis devido a uma coloração de fundo elevada, utilizar um recipiente cheio de solução TBE 0,1X.

4. Colocar o gel na solução e agitá-lo suavemente.

5. Mudar o tampão a cada 30 a 60 minutos. Continuar este processo até o gel atingir o grau de descoloração desejado.

6. Se desejar, tire uma fotografia do gel.

As enzimas de restrição são tipos especiais de enzimas que têm a capacidade de cortar o ADN em locais específicos. Estes locais, conhecidos como sítios de restrição, são determinados pela sequência de bases no ADN, que frequentemente formam um padrão repetitivo que se lê da mesma forma para a frente e para trás. Estas sequências repetitivas, designadas palíndromos, encontram-se tanto na cadeia anterior como na cadeia posterior do ADN.

As enzimas de restrição reconhecem e ligam-se a estas sequências palindrómicas e, em seguida, cortam o ADN entre bases específicas. No presente caso, são utilizadas três enzimas de restrição - EcoRI, HindIII e BamHI, cada uma das quais tem a sua própria sequência de reconhecimento.

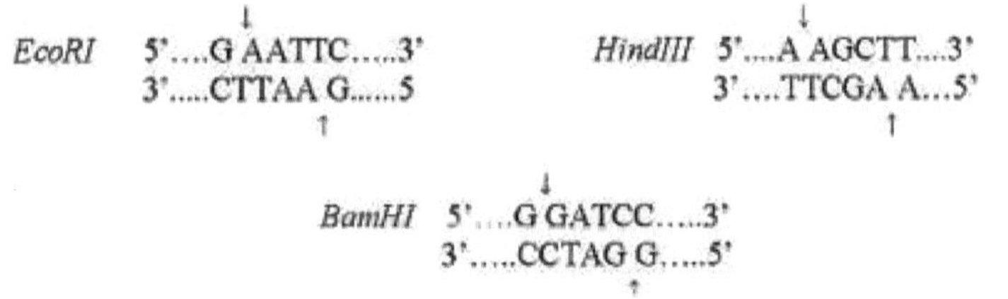

```
EcoRI    5'....G AATTC.....3'        HindIII   5'....A AGCTT....3'
         3'.....CTTAA G......5                 3'....TTCGA A...5'


                  BamHI   5'....G GATCC.....3'
                          3'.....CCTAG G.....5'
```

Para medir o tamanho de cada um dos fragmentos produzidos quando o ADN λ é cortado com cada uma destas enzimas de restrição, os fragmentos são separados por eletroforese e comparados com uma escada molecular. A escada molecular tem bandas de tamanhos conhecidos e é separada ao mesmo tempo que o ADN λ digerido. Isto permite a determinação dos tamanhos dos fragmentos produzidos por cada enzima de restrição.

Notas

1. As enzimas, particularmente as enzimas de restrição, devem ser armazenadas cuidadosamente e a uma temperatura específica para manter a sua atividade.
2. Quando se trabalha com ADN Lambda (λ), recomenda-se que se aqueça a amostra para quebrar as ligações de hidrogénio que o mantêm numa forma circular.
3. O corante azul de metileno é uma alternativa menos sensível ao brometo de etídio, mas pode ser utilizado para corar grandes quantidades de ADN. Deve ser manuseado com precaução, pois pode manchar a roupa e o equipamento.
4. Ao descolorar os géis, utilize apenas água destilada ou desionizada e certifique-se de que lava bem a área de trabalho.
5. Ao preparar o tampão TBE 0,1X, utilize apenas água desionizada para evitar danificar o ADN com níveis elevados de cloro na água da torneira.

Marcação de ADN no sul

O Southern blotting é uma técnica utilizada para detetar sequências de ADN específicas numa amostra. A técnica, que recebeu o nome do Prof. EM Southern em 1975, envolve a separação de fragmentos de ADN por tamanho através de eletroforese, seguida da transferência do ADN separado para um suporte sólido, como a nitrocelulose ou uma membrana de nylon. O ADN transferido é então exposto a uma sonda marcada que se liga à sequência específica de interesse. A sonda pode ser radioactiva, fluorescente ou ligada a uma enzima e é geralmente complementar à sequência alvo. O ADN ligado à sonda pode então ser visualizado por autoradiografia (para sondas radioactivas), microscopia de fluorescência (para sondas fluorescentes) ou quimioluminescência (para sondas ligadas a enzimas).

O processo de Southern blotting pode ser dividido em três etapas principais:

1. Digestão com enzimas de restrição: A amostra de ADN é primeiro tratada com uma ou mais enzimas de restrição para cortar o ADN em sítios específicos. Isto produz fragmentos de ADN de diferentes tamanhos.

2. Eletroforese: Os fragmentos de ADN restritos são então separados por tamanho através de eletroforese. Normalmente, isto é feito passando os fragmentos por um gel de agarose, que actua como uma peneira para separar os fragmentos com base no seu tamanho.

3. Transferência e hibridação: Os fragmentos de ADN

separados são então transferidos do gel para um suporte sólido, como a nitrocelulose ou uma membrana de nylon. Isto é feito através de um processo chamado blotting, que pode ser feito por ação capilar ou por electro-blotting. A transferência de ADN do gel para a membrana envolve:

- Depurinação: O gel de agarose que contém o ADN é tratado com HCl 0,2N para depurar os fragmentos e transferir os fragmentos maiores que 8kb.

- Desnaturação: A solução de desnaturação desnatura o ADN de cadeia dupla em ADN de cadeia simples, permitindo a hibridação com a sonda.

- Neutralização: A solução neutralizante ajusta o pH para permitir a hibridação.

Uma vez transferido o ADN, este é fixado na membrana. A membrana é então exposta a uma sonda marcada que se liga à sequência específica de interesse. A sonda pode ser radioactiva, fluorescente ou ligada a uma enzima e é geralmente complementar à sequência alvo. O ADN ligado à sonda pode então ser visualizado por autoradiografia (para sondas radioactivas), microscopia de fluorescência (para sondas fluorescentes) ou quimioluminescência (para sondas ligadas a enzimas).

Estoque

Membrana de nylon
Aparelho de transferência a vácuo
Aparelho agitador
Iluminador UVTransill

Micropipeta

Eletroforese em gel de agarose

Procedimento

1. Cortar uma membrana de nylon ligeiramente maior do que o gel e activá-la em água destilada durante 5-10 minutos.
2. Preparar o aparelho de transferência a vácuo e colocar a membrana de nylon, seguida do gel.
3. Depurar a cadeia de ADN com HCl 0,25N.
4. Lavar o gel com água destilada e tratá-lo com NaOH 0,5N e NaCl 1,5N durante 30 minutos.
5. Neutralizar o gel após a desnaturação, tratando-o com solução neutralizante durante 30 minutos.
6. Manter a bomba de vácuo e verter simultaneamente o tampão sobre o gel com uma pipeta. Verificar a transferência efectuada em 3 horas. Em seguida, retirar o gel e marcar os poros na membrana com um HB-Pencil.
7. Verificar a conclusão da transferência observando a membrana de nylon com um transluminador UV. Lavar a membrana com solução neutralizante, secar ao ar e cozer a 80° C durante 2 horas para fixar o ADN à membrana de nylon.

Resultado

O esfregaço de ADN na membrana indica que a transferência de ADN foi bem sucedida. Quando o gel após a transferência é visualizado sob luz UV, não se vêem bandas, o que indica que a transferência está completa.

Vantagens e desvantagens

O Southern blotting é um processo moroso e trabalhoso, mas permite a determinação do peso molecular dos fragmentos de restrição e a medição das quantidades relativas de diferentes fragmentos em diferentes amostras.

Marcação por Northern Blotting de ARN

O Northern blotting é uma técnica utilizada para detetar sequências específicas de ARN numa amostra. O processo é semelhante ao Southern blotting, que é utilizado para detetar sequências de ADN específicas. A principal diferença é que o Northern blotting é utilizado para analisar o ARN em vez do ADN.

O processo de Northern blotting pode ser dividido em três etapas principais:

1. A amostra de ARN é primeiro extraída do tecido ou das células de interesse. O ARN é então desnaturado por aquecimento na presença de formaldeído ou de um químico semelhante, o que faz com que o ARN se torne de cadeia simples.

2. O ARN desnaturado é então separado por tamanho através de eletroforese. Normalmente, isto é feito através da passagem do ARN por um gel de agarose, que actua como uma peneira para separar os fragmentos de ARN com base no seu tamanho.

3. Os fragmentos de ARN separados são então transferidos do gel para um suporte sólido, como a nitrocelulose ou uma membrana de nylon. Isto é feito através de um processo chamado blotting, que pode ser feito por ação capilar ou por electroblotting. Uma vez transferido, o ARN é fixado na membrana. A membrana é então exposta a uma sonda marcada que se liga à sequência específica de interesse. A sonda pode ser radioactiva, fluorescente ou ligada a uma enzima, sendo geralmente complementar à sequência-alvo. O ARN ligado à sonda pode então ser

visualizado por autoradiografia (para sondas radioactivas), microscopia de fluorescência (para sondas fluorescentes) ou quimioluminescência (para sondas ligadas a enzimas).

A técnica de Northern blotting é amplamente utilizada em biologia molecular para a deteção de sequências específicas de ARN, por exemplo, para a análise da expressão genética, o estudo de splicing alternativo e a identificação de ARN não codificante. No entanto, com o avanço de técnicas mais sensíveis, como a PCR quantitativa (qPCR) e o microarray, a utilização da técnica de Northern blotting tem vindo a diminuir. Estas técnicas mais recentes são mais eficientes na deteção e quantificação de moléculas de ARN, mas a técnica de Northern blotting continua a ter a sua importância, uma vez que fornece informações sobre o tamanho do ARN, o que pode ser útil para identificar produtos de degradação e determinar a presença de isoformas específicas.

Princípio

O processo de Northern blotting envolve a utilização de eletroforese para separar amostras de ARN com base no seu tamanho e, em seguida, a utilização de uma sonda de hibridação para detetar a sequência alvo.

Procedimento

1. Obter o ARN total ou o ARNm e prepará-lo para a eletroforese em gel.
2. Colocar a amostra de ARN num gel de agarose e efetuar a eletroforese em gel para separar as moléculas de ARN com base no tamanho.
3. Transferir cuidadosamente o ARN separado do gel para

uma folha de nitrocelulose ou outro papel adequado para blotting, assegurando que o padrão de separação permanece intacto.

4. Incubar o blot com uma sonda de ADN de cadeia simples. Esta sonda formará pares de bases com a sua sequência complementar de ARN e ligar-se-á para formar uma molécula de ARN-ADN de cadeia dupla. A sonda pode ser radioactiva ou ter uma enzima ligada a ela (por exemplo, fosfatase alcalina ou peroxidase de rábano).

5. Incubar o blot com um substrato incolor que a enzima ligada possa converter num produto colorido que possa ser visto ou que emita luz. Em alternativa, se a sonda tiver sido marcada com radioatividade, expor diretamente a película de raios X.

6. Analisar os resultados para determinar o tamanho e a quantidade das moléculas de ARN presentes na amostra e a localização do híbrido ARN-ADN.

Vantagens e desvantagens

A técnica de Northern blotting tem muitas vantagens, tais como a possibilidade de determinar o tamanho do ARN, detetar produtos de emenda alternativos, utilizar sondas com homologia parcial e medir a qualidade e a quantidade de ARN antes da técnica de blotting. Pode também ser utilizada para estudar a expressão genética através da deteção de sequências específicas de ARN numa mistura de moléculas de ARN. Além disso, as membranas utilizadas no processo podem ser armazenadas e reutilizadas durante anos.

No entanto, existem também algumas desvantagens na técnica

de Northern blotting. Pequenas alterações na expressão genética podem não ser detectadas e as amostras podem ser degradadas por RNases. Em comparação com a RT-PCR, a técnica de Northern blotting é menos sensível, mas tem uma especificidade mais elevada, o que reduz a probabilidade de resultados falsos positivos.

Western Blotting

O Western blotting é uma técnica laboratorial utilizada para detetar e analisar proteínas específicas numa amostra. Os passos básicos do procedimento incluem:

1. A amostra, normalmente células ou tecidos, é lisada para libertar as proteínas. O lisado é então separado por tamanho utilizando a eletroforese em gel. Isto cria uma separação das proteínas com base no seu peso molecular, com as proteínas mais pequenas a migrarem mais do que as proteínas maiores.
2. As proteínas separadas são então transferidas do gel para um suporte sólido, como uma membrana de nitrocelulose ou PVDF. Este passo é designado por electroblotting.
3. A membrana é então bloqueada para evitar a ligação não específica do anticorpo primário. Os agentes de bloqueio comuns incluem a albumina de soro bovino (BSA) ou o leite em pó magro.
4. O anticorpo primário, que se liga especificamente à proteína de interesse, é então adicionado à membrana e incubado.
5. Um anticorpo secundário, conjugado com um enzima de deteção ou fluoróforo, é então adicionado à membrana. Este anticorpo liga-se ao anticorpo primário, detectando assim indiretamente a proteína de interesse.
6. O sinal da enzima de deteção ou do fluoróforo é então visualizado, normalmente utilizando uma película de raios X ou um sistema de imagem digital. A intensidade da banda na membrana corresponde à quantidade de

proteína presente na amostra original.

O Western blotting é um método comum utilizado nos domínios da biologia molecular, bioquímica e medicina para detetar e quantificar proteínas específicas numa amostra de homogenato ou extrato de tecido. Esta técnica ajuda os investigadores a compreender e descrever as proteínas e pode também ser utilizada para ver como os níveis de expressão das proteínas se alteram quando sujeitas a diferentes estímulos.

Princípio

A técnica de western blot envolve a separação de proteínas através de eletroforese em gel. As proteínas podem ser separadas com base na sua estrutura natural 3-D ou no seu comprimento, se estiverem desnaturadas. Após a separação, as proteínas são transferidas para uma membrana como a nitrocelulose ou PVDF e depois coradas com anticorpos específicos para identificar a proteína alvo. A utilização de eletroforese em gel é importante na análise western blot para eliminar quaisquer problemas potenciais de reatividade cruzada dos anticorpos.

Estoque

Amostra de anticorpo contra a proteína /
Gel SDS-PAGE
Membrana de nitrocelulose ou PVDF
Buffer de transferência (como o buffer de transferência do Towbin)
Solução de bloqueio (por exemplo, 5% de leite seco não gordo em TBS-T)

Anticorpo primário

Anticorpo secundário conjugado com uma enzima de deteção (por exemplo, IgG anti-coelho conjugado com HRP), substrato quimioluminescente (por exemplo, substrato ECL)

Película de raios X.

Procedimento

1. Preparar um gel SDS-PAGE com base na gama de pesos moleculares pretendida.

2. Colocar a amostra de proteína/anticorpo no gel e fazer correr o gel de acordo com as instruções do fabricante.

3. Transferir as proteínas separadas para uma membrana de nitrocelulose ou PVDF utilizando um tampão de transferência e um aparelho de transferência.

4. Bloquear a membrana com uma solução de bloqueio durante 1 hora à temperatura ambiente.

5. Incubar a membrana com o anticorpo primário diluído na solução de bloqueio durante 1 hora à temperatura ambiente ou durante a noite a 4° C.

6. Lavar a membrana com tampão TBS-T para remover qualquer anticorpo primário não ligado.

7. Incubar a membrana com o anticorpo secundário conjugado a uma enzima durante 1 hora à temperatura ambiente.

8. Lavar a membrana com tampão TBS-T para remover qualquer anticorpo secundário não ligado.

9. Incubar a membrana com um substrato

quimioluminescente durante o tempo necessário.

10. Expor a membrana a uma película de raios X e revelar a película de acordo com as instruções do fabricante.

Resultados

A técnica de Western blotting resulta no aparecimento de uma banda na película de raios X, indicando a presença e a quantidade da proteína alvo na amostra. Esta técnica é amplamente utilizada em laboratórios de investigação e de diagnóstico.

Notas

- Manusear a amostra de proteína/anticorpo cuidadosamente para evitar a sua degradação ou contaminação.

- Utilizar as precauções de segurança adequadas ao manusear produtos químicos e películas de raios X.

- Assegurar que os anticorpos primários e secundários são específicos da proteína-alvo e não reagem de forma cruzada com outras proteínas da amostra.

- Podem ser utilizados outros tipos de papel ou membranas em vez da nitrocelulose.

Vantagens e desvantagens

O western blot é uma ferramenta de diagnóstico que tem várias vantagens e desvantagens. As vantagens da utilização do western blot incluem o seu elevado nível de sensibilidade e especificidade na deteção de anticorpos anti-HIV, o seu papel como teste definitivo para a doença das vacas loucas e a sua utilização em algumas formas de testes da doença de Lyme e da hepatite B. Em medicina veterinária, é também utilizado para confirmar o estatuto do FIV em gatos.

No entanto, o Western Blot é um procedimento complexo e moroso que requer equipamento especializado e pessoal qualificado. Pode ser dispendioso, especialmente quando são necessários vários testes. Para além disso, a qualidade das amostras pode ter impacto nos resultados, levando a falsos negativos.

Ponto de mancha

O Dot blot é um ensaio bioquímico utilizado para detetar e quantificar a presença de moléculas-alvo específicas numa amostra. É um método simples, rápido e económico que pode ser utilizado para detetar uma vasta gama de alvos, incluindo ADN, ARN, proteínas e pequenas moléculas. Num dot blot, a amostra é colocada numa membrana de nitrocelulose ou de nylon e depois sondada com um reagente marcado, como um anticorpo marcado radioactivamente ou uma sonda de ADN. As moléculas-alvo na membrana são então detectadas por autoradiografia ou quimioluminescência, respetivamente. Os dot blots são frequentemente utilizados como um rastreio preliminar da presença de moléculas-alvo específicas ou como uma forma de testar rapidamente várias amostras para detetar a presença de um alvo específico.

Princípio

O princípio do dot blot em biotecnologia consiste em transferir um pequeno volume de amostra para um suporte sólido, como a nitrocelulose ou a membrana PVDF, e depois detetar biomoléculas específicas, como ADN, ARN, proteínas ou anticorpos, utilizando vários métodos de deteção, como a hibridação com sondas marcadas, a imunodetecção com anticorpos específicos ou reacções colorimétricas. O método Dot Blot permite a análise rápida e simples de um grande número de amostras numa pequena área, o que o torna uma ferramenta útil para identificar moléculas específicas num grande número de amostras. O método é normalmente utilizado em aplicações como a impressão digital do ADN, a identificação de proteínas e o diagnóstico de doenças.

Procedimento

Dot blot é um método utilizado para transferir ácidos nucleicos ou proteínas de um gel ou líquido para uma membrana de nitrocelulose ou nylon. Segue-se um guia passo-a-passo para efetuar dot blot:

1. A amostra deve estar na forma líquida e pode ser extraída de células, tecidos ou bactérias.
2. Cortar a membrana de nitrocelulose ou de nylon com o tamanho desejado e colocá-la numa superfície plana.
3. Utilizando uma micropipeta, colocar as amostras na membrana sob a forma de pequenas manchas ou pontos. Assegurar que os pontos estão uniformemente espaçados na membrana.
4. Colocar a membrana em cima de um coletor de vácuo e aplicar sucção. Isto fará com que as amostras sejam transferidas dos pontos para a membrana.
5. Ligar as amostras à membrana utilizando um agente reticulador UV ou um agente reticulador químico. Isto ajuda a evitar que as amostras sejam lavadas durante as etapas subsequentes.
6. Para evitar ligações inespecíficas, bloquear a membrana com um tampão de bloqueio, por exemplo, BSA a 5%. Incubar a membrana no tampão de bloqueio durante cerca de 30 minutos.
7. Incubar a membrana no anticorpo primário durante 1 a 2 horas. O anticorpo primário deve ser específico da proteína ou do ácido nucleico em causa.

8. Lavar a membrana com um tampão de lavagem para remover qualquer anticorpo primário não ligado. Este passo deve ser repetido várias vezes para garantir que todos os anticorpos não ligados são removidos.

9. Incubar a membrana com um anticorpo secundário conjugado com uma enzima de deteção, como a peroxidase de rábano (HPP).

10. Lavar novamente a membrana para remover qualquer anticorpo secundário não ligado.

11. Adicionar um reagente de deteção, como ECL ou substrato quimioluminescente, à membrana. Incubar a membrana no reagente de deteção durante 1-2 minutos. Visualizar o resultado expondo a membrana a uma película de raios X ou utilizando um sistema de imagiologia quimioluminescente.

12. Os pontos resultantes mostrarão a presença ou ausência da proteína ou do ácido nucleico de interesse. A intensidade dos pontos pode ser utilizada para quantificar a quantidade da molécula alvo.

Vantagens

1. O Dot blot é uma técnica simples e direta que não requer formação especializada ou equipamento dispendioso.

2. Esta técnica é relativamente barata em comparação com outras técnicas de biologia molecular, como a PCR, a eletroforese em gel e o Southern blotting.

3. O Dot blot é altamente sensível e pode detetar mesmo quantidades vestigiais de moléculas alvo, tornando-o ideal para a deteção de analitos de baixa abundância.

4. O Dot blot pode ser utilizado para detetar uma variedade
    de diferentes tipos de moléculas, tais como proteínas, ADN
    e ARN.

5. A técnica dot blot é altamente robusta e pode ser
    efectuada numa vasta gama de condições.

Desvantagens

1. Uma das principais limitações do dot blot é o facto de
    proporcionar uma baixa resolução em comparação com
    outras técnicas, como a eletroforese em gel.

2. O Dot blot pode fornecer dados qualitativos, mas não é
    adequado para uma quantificação exacta.

3. Existe a possibilidade de interferência de ligações não
    específicas ou de reatividade cruzada, o que pode resultar
    em resultados falsos positivos ou negativos.

4. Em alguns casos, a preparação das amostras pode ser
    complexa e morosa, exigindo técnicas e reagentes
    especiais.

5. O Dot blot só pode ser utilizado para analisar um alvo de
    cada vez, o que o torna inadequado para aplicações de
    multiplexagem.

Imunoprecipitação

A imunoprecipitação é uma técnica laboratorial utilizada em biologia molecular e bioquímica para isolar proteínas específicas de uma mistura. Esta técnica envolve a utilização de um anticorpo que se liga especificamente à proteína alvo e a sua utilização para extrair a proteína da mistura. O complexo proteína-anticorpo é então precipitado (ou granulado) utilizando um reagente como a proteína A ou a proteína G, e o precipitado resultante é lavado para remover quaisquer contaminantes não específicos. A proteína alvo pode então ser analisada por técnicas como a eletroforese em gel ou a espetrometria de massa. A imunoprecipitação é normalmente utilizada no estudo de interações proteína-proteína, localização de proteínas e modificações pós-traducionais.

Princípio

O princípio da imunoprecipitação baseia-se na interação específica entre um anticorpo e o seu antigénio. Nesta técnica, um anticorpo específico é utilizado para se ligar a uma proteína alvo numa mistura de proteínas. O complexo anticorpo-antigénio é então precipitado, ou separado, das outras proteínas da mistura, permitindo a purificação e análise da proteína alvo. Este método é normalmente utilizado em biologia molecular e bioquímica para isolar e estudar proteínas específicas em misturas complexas.

Procedimento

1. Preparar a amostra através da lise de células ou tecidos num tampão de lise. A amostra deve conter a proteína-alvo

e quaisquer proteínas que com ela interajam.

2. Preparar o anticorpo primário que será utilizado para se ligar especificamente à proteína alvo. É importante escolher um anticorpo com elevada especificidade para a proteína-alvo.

3. Misturar a amostra lisada com o anticorpo primário e incubar durante 1 a 2 horas à temperatura ambiente.

4. Adicionar as esferas de proteína A/G à mistura amostra-anticorpo e incubar durante mais 1 -2 horas.

5. Lavar as esferas com tampão de lavagem para remover quaisquer proteínas não ligadas. Repetir este passo 2-3 vezes.

6. Eluir a proteína alvo das esferas adicionando tampão de eluição. A proteína alvo está agora pronta para análise posterior, como Western blotting ou espetrometria de massa.

7. Analisar a proteína alvo eluída utilizando o método de análise escolhido. O objetivo é identificar quaisquer proteínas de interação que tenham sido imunoprecipitadas com a proteína alvo.

Vantagens

1. A imunoprecipitação baseia-se na ligação entre um anticorpo e o seu antigénio alvo, o que proporciona uma elevada especificidade na seleção de uma determinada proteína a partir de uma mistura complexa.

2. Pode detetar proteínas de baixa abundância que podem não ser detectáveis por outros métodos, como a eletroforese em gel.

3. Pode ser utilizado para o estudo de modificações pós-

traducionais, interações proteína-proteína e identificação de novas proteínas.

4. Pode ser utilizado em várias áreas de investigação, incluindo a biologia celular, a bioquímica e a proteómica.

Desvantagens

1. A imunoprecipitação é um processo de várias etapas que pode levar várias horas a concluir e pode ser propenso a contaminação e erro humano.

2. Os anticorpos são dispendiosos e têm de ser comprados para cada
experiência, o que torna o processo proibitivo para alguns laboratórios.

3. Pode ocorrer uma ligação não específica do anticorpo a outras proteínas ou contaminantes, conduzindo a resultados falso-positivos.

4. A qualidade do anticorpo pode afetar grandemente os resultados da imunoprecipitação, e os anticorpos podem não estar disponíveis para todas as proteínas de interesse.

Sequenciação Sanger

A sequenciação de ADN é o ato de descobrir a ordem exacta das bases nucleotídicas (As, Ts, Cs e Gs) numa molécula de ADN. Esta informação é importante em vários domínios, como o diagnóstico médico, a biotecnologia e a biologia forense. Existem várias técnicas de sequenciação de ADN, incluindo a sequenciação Maxam-Gilbert (método de degradação química), a sequenciação Sanger (método de terminação de cadeias de didesoxi) e tecnologias de sequenciação de elevado rendimento. Entre estes métodos, a sequenciação de Sanger é a mais utilizada e foi desenvolvida por Sanger e a sua equipa em 1975 devido à sua simplicidade e fiabilidade.

O método de sequenciação de Sanger utiliza a técnica de sequenciação cíclica, em que os dideoxinucleósidos são marcados com diferentes corantes fluorescentes, permitindo que as quatro reacções ocorram no mesmo tubo e sejam separadas numa única pista do gel. Quando os fragmentos de ADN marcados passam pelo fundo do gel, um leitor laser detecta a fluorescência de cada fragmento (azul, verde, vermelho ou amarelo) e compila os dados numa imagem.

O método de Sanger baseia-se no mecanismo de síntese de ADN pelas polimerases de ADN e requer a síntese de uma cadeia de ADN complementar à cadeia que está a ser analisada. Este processo utiliza ddNTPs marcados com um corante fluorescente (cada nucleótido com uma cor diferente). A identidade do desoxinucleótido adicionado é determinada pela sua complementaridade através do emparelhamento de bases com uma base na cadeia modelo.

Na reação de sequenciação de Sanger, os análogos de nucleótidos denominados trifosfatos de dideoxinucleósidos (ddNTPs) interrompem a síntese de ADN, uma vez que não possuem o grupo 3'-hidroxilo necessário para a etapa seguinte. Por exemplo, a adição de ddCTP a um sistema de reação normal faz com que algumas das cadeias sintetizadas terminem prematuramente na posição em que o dC seria normalmente adicionado, em oposição a um modelo dG. Isto resulta em fragmentos de ADN de cores diferentes, que podem ser separados por tamanho num gel electroforético num tubo capilar. Todos os fragmentos de um determinado comprimento se movem juntos numa única banda através do gel capilar e a cor associada a cada banda é detectada com um raio laser. A sequência de ADN é lida através da identificação das sequências de cores nas bandas à medida que passam pelo detetor, sendo a quantidade de fluorescência em cada banda representada como um pico na saída do computador.

Procedimento

O método de Sanger é um método clássico de sequenciação de ADN que envolve os seguintes passos:

1. É preparado um modelo de ADN de cadeia simples para a sequenciação. Este modelo é normalmente derivado de plasmídeos, bacteriófagos ou ADN genómico. O modelo pode ser amplificado utilizando PCR (Reação em cadeia da polimerase) ou outros métodos.

2. Um iniciador complementar curto, com cerca de 20-24 nucleótidos de comprimento, é ligado ao modelo. O iniciador é concebido para se ligar à extremidade 5' da

sequência de interesse.

3. É utilizada uma forma modificada de ADN polimerase (como a Taq polimerase) para prolongar o iniciador na presença de quatro dNTPs diferentes (trifosfatos de desoxinucleósidos). Os dNTPs contêm uma das quatro bases (A, C, G, T), cada uma marcada com um corante fluorescente diferente.

4. À medida que a DNA polimerase estende o primer, encontra um dNTP modificado (ddNTP), que termina a reação de extensão. Isto cria uma série de fragmentos de diferentes comprimentos, cada um com uma etiqueta fluorescente no final da sequência.

5. Os fragmentos marcados são separados por eletroforese num gel ou capilar. O gel ou o capilar é percorrido com uma tensão elevada, fazendo com que os fragmentos se separem com base no seu tamanho.

6. As etiquetas fluorescentes são detectadas e os dados resultantes são analisados para determinar a sequência do ADN modelo. A sequência é determinada através da análise das posições relativas das etiquetas fluorescentes no gel ou capilar.

7. As sequências individuais obtidas a partir das diferentes reacções são montadas para formar a sequência final de ADN. Esta montagem é efectuada utilizando um software especializado que combina as regiões sobrepostas entre as sequências para determinar a sequência final de ADN.

Método alternativo

1. Amplificar a região específica do ADN utilizando a PCR

(reação em cadeia da polimerase). Isto resultará em múltiplas cópias do fragmento de ADN desejado.

2. Purificar a mistura do produto da PCR removendo quaisquer primers e dNTPs (trifosfatos de desoxinucleósidos) indesejados para obter uma amostra pura do fragmento de ADN.
3. Realizar a reação de sequenciação, que utiliza corantes especiais para marcar as diferentes bases de ADN (A, C, G e T). Isto irá determinar a sequência do fragmento de ADN.
4. Limpar o produto após a reação de sequenciação para remover qualquer excesso de terminadores de corantes e primers não utilizados. Para o efeito, utiliza-se um protocolo de precipitação com etanol para purificar a amostra.
5. Separe as bases de ADN marcadas e identifique-as utilizando a eletroforese capilar. Os dados resultantes são depois analisados para produzir uma sequência final de ADN.
6. Analisar os dados obtidos na eletroforese capilar para produzir uma sequência de ADN completa e precisa. Esta sequência fornecerá informações valiosas sobre o fragmento de ADN que está a ser analisado.

Vantagens

A sequenciação Sanger tem uma vasta gama de aplicações, incluindo a deteção de polimorfismos de nucleótido único (SNP), polimorfismo de conformação de cadeia simples (SSCP) e mutações. É um método fiável e eficiente de sequenciação de ADN, o que o torna uma escolha popular para muitos projectos de investigação genética.

Sequenciação Maxam-Gilbert

A sequenciação de ADN é o processo de determinação da ordem exacta dos nucleótidos numa molécula de ADN. O método Maxam-Gilbert, também conhecido como sequenciação por degradação química, é um método de sequenciação de ADN de base química que foi introduzido pela primeira vez em 1977. Baseia-se na modificação química selectiva de cadeias de ADN e na análise subsequente das cadeias modificadas.

O método Maxam-Gilbert utiliza produtos químicos para quebrar seletivamente o ADN em locais específicos, dependendo do tipo de produto químico utilizado. Estas modificações geram fragmentos específicos de ADN que podem ser separados e identificados por eletroforese. A eletroforese é um método que utiliza um campo elétrico para separar fragmentos de ADN com base no tamanho.

A primeira etapa do método Maxam-Gilbert consiste em selecionar uma amostra de ADN que deve ser sequenciada. A amostra é então dividida em quatro alíquotas, cada uma das quais é tratada com um produto químico diferente. Os produtos químicos utilizados no método Maxam-Gilbert são a hidroxilamina, que cliva o ADN nas bases purinas, e uma combinação de produtos químicos denominados G, A e C, que clivam o ADN nas bases guanina, adenina e citosina, respetivamente.

Após o tratamento com os produtos químicos, os fragmentos de ADN são separados por eletroforese e as bandas resultantes são visualizadas utilizando um método como a autoradiografia. A autoradiografia utiliza uma película de raios X para detetar isótopos radioactivos que foram incorporados nas amostras de ADN durante o tratamento.

Procedimento

O método Maxam-Gilbert é um método de clivagem química para a sequenciação do ADN. Os passos para a sequenciação de ADN através do método de Maxam-Gilbert são os seguintes

1. Obter uma amostra de ADN de uma fonte adequada, como bactérias ou células humanas. O ADN deve ser puro, isento de contaminantes e adequado para sequenciação.
2. Cortar a amostra de ADN em fragmentos mais pequenos utilizando enzimas de restrição. Estas enzimas reconhecem sequências específicas de ADN e cortam o ADN nesses locais.
3. Aquecer a amostra de ADN para separar o ADN de cadeia dupla em cadeias simples.
4. Adicionar produtos químicos específicos para modificar o ADN, como o brometo de etídio, para visualização dos fragmentos sob luz UV.
5. Marcar os fragmentos de ADN com fósforo radioativo ou fósforo-32 (32P) para os tornar visíveis na autorradiografia.
6. Colocar os fragmentos de ADN radiomarcados num gel de poliacrilamida. Aplicar um campo elétrico ao gel, fazendo com que os fragmentos de ADN se movam em direção ao elétrodo positivo. Os fragmentos mais pequenos movem-se mais rapidamente e separam-se dos fragmentos maiores.
7. Tratar o gel com produtos químicos, como a hidrazina ou

o ácido nitroso, para clivar o ADN em pontos específicos da cadeia.

8. Expor o gel a uma película de raios X para visualizar os fragmentos de ADN. As etiquetas radioactivas de 32P no ADN produzem uma imagem na película, que mostra a posição de cada fragmento de ADN no gel.

9. Analisar o autoradiograma para determinar a sequência dos fragmentos de ADN. A posição de cada fragmento no gel indica a sequência de bases no ADN.

10. Combine as sequências dos diferentes fragmentos para obter a sequência completa de ADN.

Vantagens e desvantagens

O método Maxam-Gilbert tem várias vantagens em relação a outros métodos de sequenciação de ADN. Uma das principais vantagens é o facto de fornecer dados de alta resolução e poder ser utilizado para sequenciar grandes fragmentos de ADN. Além disso, o método Maxam-Gilbert é relativamente rápido e fácil de executar e pode ser automatizado para sequenciação de elevado rendimento.

No entanto, o método Maxam-Gilbert tem também algumas limitações. O método não é tão sensível como outros métodos de sequenciação de ADN e pode não funcionar tão bem em amostras que contenham grandes quantidades de contaminantes. Além disso, o método requer a utilização de produtos químicos perigosos e isótopos radioactivos, o que o torna potencialmente perigoso e exige medidas de segurança adequadas.

Pirossequenciação

A pirosequenciação é um tipo de tecnologia de sequenciação de ADN que utiliza a bioluminescência para identificar os nucleótidos individuais (A, C, G, T) que compõem uma cadeia de ADN. Baseia-se no princípio da sequenciação em tempo real por síntese, em que o nucleótido seguinte só é incorporado na cadeia em crescimento depois de o anterior ter sido identificado. O resultado da reação é uma série de sinais luminosos, que são depois convertidos numa sequência de ADN. Esta tecnologia é altamente sensível, rápida e escalável, o que a torna útil para uma vasta gama de aplicações, incluindo a sequenciação genómica, a análise epigenética e a identificação bacteriana.

Princípio

A pirosequenciação é um método de sequenciação de ADN rápido e eficiente que utiliza a bioluminescência para identificar e quantificar a ordem dos nucleótidos numa amostra de ADN alvo. O processo envolve quatro etapas principais: preparação do modelo, recozimento do iniciador, adição de enzimas e deteção dos nucleótidos incorporados. A amostra de ADN é primeiro amplificada através de PCP e misturada com um iniciador de sequenciação que serve de ponto de partida para a reação de sequenciação. A adição de uma enzima de sequenciação desencadeia reacções bioluminescentes para cada nucleótido incorporado, produzindo luz que é detectada e processada para determinar a sequência de ADN. Esta tecnologia é única na sua capacidade de detetar diretamente a incorporação de nucleótidos numa cadeia de ADN em crescimento.

Procedimento

A pirosequenciação é um método de sequenciação de ADN que envolve a libertação sequencial de nucleótidos individuais. Seguem-se as etapas envolvidas na realização da pirosequenciação:

1. O primeiro passo é preparar a amostra de ADN para a sequenciação. Isto é feito isolando o ADN da amostra, como sangue ou tecido, e depois purificando-o.
2. O passo seguinte consiste em amplificar a sequência de ADN alvo utilizando a reação em cadeia da polimerase (PCR). Isto aumenta a quantidade de ADN disponível para a sequenciação.
3. O ADN amplificado é então misturado com um iniciador que é complementar à sequência alvo. Este iniciador permite que o ADN seja ligado a um suporte sólido, como uma esfera ou um poço.
4. O passo seguinte é adicionar à mistura uma enzima de sequenciação, como a luciferase ou a ATP Sulfurilase. Esta enzima é responsável pela libertação de nucleótidos em resposta à incorporação de cada nova base na cadeia de ADN em crescimento.
5. À medida que a cadeia de ADN cresce, a enzima de sequenciação liberta nucleótidos individuais, que são detectados e quantificados por um ensaio baseado na luminescência.
6. A libertação de nucleótidos é detectada por um luminómetro, que mede a quantidade de luz emitida por cada nucleótido. Estes dados são utilizados para

determinar a sequência do ADN.

7. Os dados do luminómetro são então analisados para determinar a sequência do ADN. Isto pode ser feito utilizando algoritmos informáticos que fazem corresponder os dados a um genoma de referência.

8. Finalmente, os resultados da análise de sequenciação são interpretados para determinar a identidade da amostra de ADN e quaisquer mutações ou variações que possam estar presentes.

Estes são os passos envolvidos na realização da pirosequenciação. É um método rápido e eficiente de sequenciação de ADN e é amplamente utilizado numa variedade de aplicações, incluindo a genética médica e a genómica microbiana.

Vantagens

1. A pirosequenciação pode sequenciar centenas de milhares de moléculas de ADN em simultâneo, o que a torna um método de elevado rendimento.

2. Os resultados da pirosequenciação são gerados em tempo real, o que faz dela um método rápido de sequenciação.

3. Pode ser utilizado para uma vasta gama de aplicações, incluindo a deteção de polimorfismo de nucleótido único (SNP), transcriptómica, metagenómica e outras.

4. Trata-se de um método altamente sensível, capaz de detetar pequenas quantidades de ADN.

5. A pirosequenciação é relativamente menos dispendiosa em comparação com outros métodos de sequenciação, o que a torna uma opção atractiva para projectos de

sequenciação em grande escala.

Desvantagens

1. O comprimento máximo de leitura da pirosequenciação é de cerca de 400-450 pares de bases, o que é mais curto em comparação com outros métodos de sequenciação.
2. A precisão da pirosequenciação não é tão elevada como a de outros métodos de sequenciação, o que a torna inadequada para determinadas aplicações.
3. A pirosequenciação não tem a capacidade de detetar estruturas genómicas complexas, como inserções, deleções ou inversões.
4. Este método requer grandes quantidades de material de partida, o que pode limitar a sua utilização em determinadas aplicações.
5. O equipamento utilizado na pirosequenciação é complexo e requer conhecimentos técnicos para ser utilizado, o que pode limitar a sua utilização em determinados contextos.

Sequenciação de ADN multiplex

A sequenciação multiplex de ADN é uma técnica de sequenciação de elevado rendimento que permite a análise simultânea de várias amostras de ADN numa única execução. Este método envolve a adição de códigos de barras únicos a cada amostra, o que permite a identificação e separação das sequências individuais depois de o ADN ter sido sequenciado. A sequenciação multiplex de ADN é normalmente utilizada em projectos genómicos de grande escala, na análise da expressão genética e em estudos de associação de doenças. Permite poupanças de custos significativas em comparação com a sequenciação de cada amostra separadamente, bem como uma maior eficiência na análise de um grande número de amostras.

Princípio

A sequenciação multiplex de ADN é um método de sequenciação de múltiplas amostras de ADN em simultâneo numa única execução de sequenciação. O princípio subjacente a esta técnica consiste em distinguir diferentes amostras de ADN no processo de sequenciação, atribuindo-lhes um identificador único ou código de barras. Este identificador é adicionado às amostras de ADN antes da sequenciação, permitindo que sejam separadas e identificadas posteriormente no processo. O processo de sequenciação multiplex resulta numa sequenciação de alto rendimento e económica de múltiplas amostras de ADN, tornando-a útil para aplicações como estudos genómicos em grande escala e sequenciação de genes específicos.

Procedimento

A sequenciação multiplex de ADN é uma técnica utilizada para sequenciar várias amostras de ADN numa única reação. Seguem-se os passos para efetuar a sequenciação multiplex de ADN:

1. Recolha as amostras de ADN que pretende sequenciar e extraia o ADN. Terá também de preparar bibliotecas das amostras de ADN, o que implica fragmentar o ADN, ligar adaptadores e amplificar os fragmentos.

2. Misturar as bibliotecas de ADN de diferentes amostras numa única reação para criar um pool.

3. Verificar a qualidade do pool de ADN utilizando a eletroforese em gel para confirmar que os fragmentos de ADN têm o tamanho correto e que a concentração é adequada para a sequenciação.

4. Hibridizar o pool de ADN com uma matriz de esferas de sequenciação, que é uma tecnologia baseada em esferas que contém milhões de esferas individuais, cada uma com uma sequência específica. Isto permite a sequenciação paralela de várias amostras numa única execução.

5. Realizar uma reação PCP numa emulsão à base de óleo para amplificar os complexos de esferas de ADN-Sequenciação. Isto resulta em muitas cópias dos complexos de esferas de ADN que estão prontos para a sequenciação.

6. Carregar os complexos de bead-DNA num instrumento de sequenciação e executar a reação de sequenciação. O instrumento lê as sequências de ADN e gera dados que podem ser analisados.

7. Analisar os dados gerados pela reação de sequenciação para determinar as sequências de ADN. Pode utilizar ferramentas de bioinformática para alinhar as sequências e compará-las

com sequências de referência.

8. Interpretar os dados para identificar quaisquer mutações ou variações nas sequências de ADN. Isto pode fornecer informações valiosas para uma série de aplicações, incluindo o diagnóstico de doenças e o desenvolvimento de medicamentos.

Vantagens

1. A sequenciação multiplex permite a sequenciação simultânea de várias amostras numa única execução, o que a torna uma solução eficiente e económica para projectos de sequenciação em grande escala.

2. Ao sequenciar várias amostras de uma só vez, as hipóteses de detetar erros nos dados são reduzidas, o que leva a uma maior precisão dos resultados.

3. A sequenciação multiplex reduz os custos associados à sequenciação, uma vez que uma única execução pode analisar várias amostras de uma só vez, reduzindo a necessidade de várias execuções de sequenciação.

4. Com a sequenciação multiplex, pode ser analisada uma vasta gama de amostras, incluindo amostras de diferentes organismos, tipos de tecidos e origens genéticas.

Desvantagens

1. A sequenciação multiplex requer equipamento especializado e competências técnicas, o que pode dificultar a sua implementação por alguns investigadores.

2. Quando são analisadas várias amostras numa única execução, os sinais das diferentes amostras podem interferir uns com os outros, afectando a qualidade dos

resultados.

3. Devido à multiplexagem, a sensibilidade dos resultados da sequenciação pode ser reduzida, levando potencialmente à perda de variantes ou de outras informações importantes.

4. A sequenciação multiplex envolve um processo complexo que pode ser difícil de gerir e resolver, conduzindo a potenciais erros nos resultados.

Sequenciação automatizada

A sequenciação automatizada é um processo de determinação da sequência de nucleótidos numa amostra de ADN utilizando métodos automatizados e computorizados. O processo envolve a quebra da amostra de ADN em fragmentos mais pequenos, a preparação dos fragmentos para sequenciação, a execução das reacções de sequenciação e a análise dos dados para determinar a sequência de ADN. A sequenciação automatizada revolucionou o campo da genómica, tornando mais rápida, eficiente e económica a sequenciação de grandes quantidades de ADN.

Princípio

O princípio da sequenciação automática baseia-se na utilização de instrumentos controlados por computador e de métodos laboratoriais para analisar a sequência de nucleótidos numa molécula de ADN. O processo envolve a decomposição do ADN em fragmentos mais pequenos, a determinação da sequência dos fragmentos individuais e a utilização de algoritmos de software para reunir a sequência num genoma completo. O processo de sequenciação automatizada pode ser efectuado utilizando várias tecnologias, como a sequenciação Sanger, a sequenciação de nova geração ou a sequenciação de elevado rendimento, dependendo da aplicação e da precisão e rapidez desejadas para os resultados. O processo de sequenciação automatizada revolucionou o campo da genética e da biologia molecular, permitindo aos investigadores analisar rápida e eficientemente sequências de ADN para várias aplicações, como o diagnóstico genético, a engenharia genética e a descoberta de medicamentos.

Procedimento

1. Obter a amostra de ADN e extraí-la para purificar e concentrar o ADN.

2. Cortar o ADN purificado em pequenos fragmentos, normalmente com 100-600 pares de bases.

3. Ligar os primers aos fragmentos de ADN. Os primers são pequenos pedaços de ADN complementar que ajudam a reação de sequenciação a começar num ponto específico.

4. Misturar os fragmentos de ADN, os primers e os reagentes de sequenciação, incluindo os dNTPs (nucleótidos), a polimerase, o tampão e os corantes fluorescentes.

5. Efetuar uma série de ciclos térmicos para estender os primers e construir uma cadeia complementar de ADN utilizando os dNTPs.

6. Adicionar uma mistura de terminadores de sequenciação que interrompa a reação da polimerase e incorpore corantes fluorescentes na cadeia de ADN recém-sintetizada.

7. Carregue as amostras para uma máquina de sequenciação e analise as imagens produzidas pelos corantes fluorescentes para determinar a sequência do ADN.

8. Utilizar software informático para analisar os dados e produzir uma leitura da sequência de ADN.

9. Verificar a qualidade da sequência, incluindo a exatidão e a exaustividade, e efetuar os ajustamentos necessários.

10. Armazenar os dados da sequência num local seguro e acessível para utilização futura.

Vantagens

1. As máquinas de sequenciação automatizada podem processar centenas ou milhares de amostras numa única execução, o que as torna mais rápidas do que os métodos de sequenciação manual.

2. As máquinas de sequenciação automatizada estão equipadas com algoritmos e software avançados, que garantem uma elevada precisão e reprodutibilidade dos resultados.

3. As máquinas de sequenciação automatizada reduzem o custo por amostra, uma vez que são capazes de processar muitas amostras em simultâneo, reduzindo assim o custo por amostra.

4. As máquinas de sequenciação automatizada têm a capacidade de processar grandes quantidades de amostras em paralelo, o que as torna ideais para projectos de sequenciação em grande escala.

5. As máquinas de sequenciação automática são fáceis de utilizar e requerem um mínimo de competências técnicas, tornando-as acessíveis a uma vasta gama de utilizadores.

Desvantagens

1. A aquisição, manutenção e reparação de máquinas de sequenciação automática são dispendiosas.

2. As máquinas de sequenciação automatizada podem ser limitadas na sua capacidade de processar amostras pequenas ou espécimes raros.

3. As máquinas de sequenciação automática são máquinas complexas que requerem manutenção e assistência técnica.

4. As máquinas de sequenciação automatizada geram grandes quantidades de dados que requerem software especializado e formação para serem interpretados com exatidão.

5. As máquinas de sequenciação automatizada podem ter limitações em termos dos tipos de amostras que podem processar, da gama de sequências de ADN que podem detetar e dos tipos de mutações genéticas que podem identificar.

Construção de mapas moleculares

A construção de mapas moleculares é o processo de criação de representações visuais das relações e interações espaciais entre átomos, moléculas e outros componentes de um sistema biológico. Este processo pode envolver a utilização de diferentes técnicas e ferramentas, como a cristalografia de raios X, a espetroscopia de ressonância magnética nuclear (RMN), a microscopia eletrónica e as simulações em computador, para obter informações detalhadas sobre a estrutura e a função das macromoléculas biológicas. A informação obtida a partir destas técnicas é depois utilizada para criar mapas moleculares bidimensionais ou tridimensionais, que fornecem informações sobre as interações e processos moleculares que ocorrem no sistema biológico. Estes mapas podem ser utilizados para uma variedade de objectivos, incluindo a conceção de novos medicamentos, a compreensão dos processos biológicos e a melhoria dos tratamentos médicos.

Princípio

O princípio da construção de mapas moleculares consiste em gerar uma representação visual da estrutura molecular de uma substância e da sua distribuição espacial. Isto é conseguido através da utilização de várias técnicas, como a cristalografia de raios X, a espetroscopia de RMN, a microscopia eletrónica e as simulações em computador. Os mapas moleculares fornecem informações sobre a localização e orientação de átomos, ligações e grupos funcionais dentro de uma molécula, que podem ser utilizadas para compreender as suas propriedades, interações e reacções com outras moléculas.

Procedimento

1. Escolher um conjunto de dados - selecionar um conjunto de marcadores genéticos ou moleculares.

2. Determinar as variações genéticas em cada amostra utilizando PCR ou sequenciação.
3. Calcule as distâncias ou semelhanças entre marcadores e visualize-as como um dendrograma ou matriz.
4. Utilizar software especializado para criar o mapa molecular.
5. Selecionar marcadores altamente informativos com base na frequência de ocorrência ou na capacidade de distinguir entre genótipos.
6. Adicionar marcadores adicionais ou reanalisar os dados para melhorar a resolução e identificar erros.
7. Comparar o mapa molecular com outros conjuntos de dados de referência para garantir a exatidão e a fiabilidade.

Método alternativo

1. Comece por identificar a molécula alvo para a qual o mapa molecular deve ser construído.
2. Recolher toda a informação disponível sobre a molécula alvo, incluindo a sua estrutura química, propriedades físicas e comportamento em diferentes condições.
3. Utilizar software ou ferramentas informáticas como o ChemDraw ou o ACD/Chem-Sketch para desenhar a estrutura química da molécula alvo.
4. Identificar os grupos funcionais presentes na molécula e marcá-los na estrutura química.
5. Determine a conetividade das ligações entre os diferentes

átomos da molécula e marque-as na estrutura.

6. Identifique a estereoquímica da molécula, se aplicável, e marque-a na estrutura.

7. Utilizando a estrutura marcada, crie um mapa molecular que mostre claramente os diferentes grupos funcionais, a conetividade das ligações e a estereoquímica da molécula.

8. Utilizar software ou ferramentas adequadas, como o MarvinSketch ou o ChemBioDraw, para rotular e anotar o mapa molecular, incluindo o nome químico, o peso molecular e quaisquer propriedades físicas relevantes.

9. Validar a exatidão do mapa molecular através de uma verificação cruzada com a estrutura química original e qualquer literatura disponível.

10. Guardar o mapa molecular num formato de ficheiro adequado para análise posterior ou utilização em investigação.

Vantagens

1. Fornece uma visão detalhada e exacta da estrutura molecular de um determinado organismo ou sistema.

2. Constitui uma ferramenta para identificar e estudar genes e mutações causadores de doenças.

3. Fornece um meio para comparar os genomas de diferentes organismos, levando a uma melhor compreensão da evolução e da diversidade genética.

Desvantagens

1. Pode estar sujeito a erros e imprecisões devido a limitações na tecnologia de sequenciação ou nos métodos de análise

de dados.

2. A interpretação dos dados do mapa molecular pode ser complexa e exigir competências computacionais avançadas.

Mapeamento de restrições

O mapeamento de restrição é uma técnica utilizada para criar um mapa físico de uma molécula de ADN, cortando o ADN em locais específicos utilizando enzimas de restrição. Os fragmentos resultantes são separados por tamanho utilizando eletroforese em gel e o padrão de fragmentos é utilizado para determinar a localização e a distância entre os locais de corte das enzimas de restrição. O mapeamento de restrição é utilizado na investigação em biologia molecular para estudar a organização e a estrutura do ADN, para identificar mutações ou variações genéticas e para construir moléculas de ADN recombinante.

Princípio

O princípio do Mapeamento de Restrição consiste em identificar a localização de sequências de ADN específicas numa molécula de ADN, utilizando enzimas de restrição para clivar a molécula em locais de reconhecimento específicos. Os fragmentos resultantes são depois separados por eletroforese em gel, permitindo determinar o tamanho e a localização dos fragmentos. Esta técnica pode ser utilizada para criar um mapa da molécula de ADN, que pode ajudar na sequenciação e identificação de genes.

Procedimento

1. Recolher a amostra de ADN a ser analisada e obter as enzimas de restrição necessárias para o processo de mapeamento.

2. Digerir a amostra de ADN utilizando as enzimas de restrição. Isto pode ser feito adicionando as enzimas à

amostra e incubando à temperatura e tempo adequados para que as enzimas cortem o ADN nos seus locais de reconhecimento específicos.

3. Separar os fragmentos de ADN resultantes por tamanho utilizando a eletroforese em gel. Carregue o ADN digerido num gel de agarose e passe uma corrente eléctrica através dele para separar os fragmentos de acordo com o tamanho.

4. Corar o gel com um corante de ligação ao ADN, como o brometo de etídio, para visualizar os fragmentos de ADN.

5. Medir o tamanho dos fragmentos de ADN utilizando uma escada de ADN como referência. Uma escada de ADN é uma mistura de fragmentos de tamanho conhecido utilizada para calibrar o tamanho dos fragmentos na amostra.

6. Utilizar os tamanhos dos fragmentos para criar um mapa de restrição do ADN. Isto pode ser feito comparando os tamanhos dos fragmentos com os tamanhos esperados com base nos locais de reconhecimento conhecidos para as enzimas de restrição utilizadas.

7. Verificar o mapa de restrição repetindo os passos de digestão e eletroforese em gel e comparando os tamanhos dos fragmentos resultantes com os tamanhos previstos no mapa.

Vantagens

1. O mapeamento de restrições fornece um mapa preciso e exato da sequência de ADN, permitindo a identificação de sequências genéticas específicas.

2. As enzimas de restrição podem identificar e cortar sequências específicas, permitindo a identificação de genes ou mutações específicas.

3. O mapeamento de restrições permite a análise de sequências de ADN, como a identificação de deleções ou inserções.

4. O mapeamento de restrições pode ser utilizado no mapeamento genético, que é importante para compreender as doenças hereditárias.

Desvantagens

1. O mapeamento de restrições pode ser um processo moroso, exigindo quantidades significativas de tempo e recursos.

2. O processo de mapeamento de restrições pode ser dispendioso, uma vez que requer equipamento e reagentes especializados.

3. O mapeamento de restrições pode ser complexo e a interpretação dos resultados pode exigir conhecimentos especializados significativos.

4. O mapeamento de restrição está limitado a sequências específicas reconhecidas por enzimas de restrição, o que pode não ser suficiente para determinadas análises genéticas.

Marcadores moleculares

Os marcadores moleculares são sequências ou variações específicas de ADN que podem ser utilizadas para identificar e diferenciar indivíduos ou populações de organismos. São ferramentas importantes na investigação genética, no melhoramento de plantas e animais e na ciência forense.

Polimorfismo de Comprimento de Fragmento de Restrição

O Polimorfismo de Comprimento de Fragmentos de Restrição (RFLP) é uma técnica que envolve a digestão do ADN com enzimas de restrição e a separação dos fragmentos resultantes por eletroforese em gel. O padrão de fragmentos resultante pode ser utilizado para identificar diferenças entre indivíduos ou populações.

Princípio

O Polimorfismo de Comprimento de Fragmentos de Restrição (RFLP) é uma técnica de biologia molecular utilizada para detetar variações nas sequências de ADN entre diferentes indivíduos. O princípio do RFLP baseia-se no facto de as sequências de ADN variarem de pessoa para pessoa e de estas variações poderem ser detectadas através da análise dos padrões dos fragmentos de ADN gerados pelas enzimas de restrição.

As enzimas de restrição são enzimas que cortam o ADN em sítios específicos, criando fragmentos de diferentes tamanhos. Ao digerir amostras de ADN de diferentes indivíduos com a mesma enzima de restrição, os investigadores podem comparar os fragmentos resultantes e identificar diferenças nas sequências de ADN entre as amostras.

Estas diferenças podem ser visualizadas utilizando a eletroforese em gel, uma técnica que separa os fragmentos de ADN com base no seu tamanho. O padrão resultante de fragmentos de ADN, ou impressão digital de ADN, pode ser utilizado para identificar indivíduos, estabelecer relações entre indivíduos ou detetar mutações genéticas associadas a doenças.

Em termos gerais, o princípio do RFLP baseia-se na ideia de que as variações nas sequências de ADN podem ser detectadas e analisadas digerindo amostras de ADN com enzimas de restrição e visualizando os fragmentos resultantes através de eletroforese em gel.

Estoque

Amostra de ADN
Enzima de endonuclease de restrição EcoRI
Agarose, brometo de etídio
Aparelho de eletroforese
Sistema de documentação em gel

Procedimento

1. Comece por obter uma amostra de ADN do organismo que pretende analisar. Isto pode ser feito através da recolha de uma amostra de tecido ou de sangue do organismo.
2. Extrair o ADN da amostra utilizando um kit de extração de ADN. Seguir as instruções do fabricante do kit.
3. Pegue no ADN extraído e corte-o utilizando uma enzima de restrição. Esta enzima reconhece uma sequência

específica de ADN e corta-a num local específico. Isto produz fragmentos de tamanhos variáveis.

4. Separe os fragmentos de ADN utilizando a eletroforese em gel. Colocar os fragmentos de ADN num gel e fazer passar uma corrente eléctrica através do gel. Isto separa os fragmentos por tamanho.

5. Transferir os fragmentos de ADN separados para uma membrana, como uma membrana de nitrocelulose ou de nylon. Isto é feito utilizando uma técnica chamada Southern blotting.

6. Hibridizar a membrana com uma sonda marcada que se ligará a uma sequência de ADN específica. A sonda ligar-se-á aos fragmentos de ADN na membrana que contêm a sequência que reconhece.

7. Utilizar um sistema de imagem para visualizar a sonda marcada e os fragmentos de ADN a que se ligou. Isto produzirá um padrão de bandas na membrana.

8. Analisar o padrão de bandas para determinar o genótipo do organismo. Isto pode ser feito comparando o padrão de bandas com padrões conhecidos para o organismo ou utilizando software informático para analisar o padrão.

ADN polimórfico amplificado aleatório

O ADN polimórfico amplificado aleatório (RAPD) é uma técnica baseada na PCR que amplifica fragmentos aleatórios de ADN utilizando iniciadores curtos e aleatórios. O padrão resultante dos fragmentos amplificados pode ser utilizado para identificar diferenças entre indivíduos ou populações.

Princípio

O RAPD é uma técnica baseada na PCR que utiliza iniciadores curtos e arbitrários para amplificar fragmentos de ADN que contêm regiões polimórficas. O princípio do RAPD baseia-se no facto de os iniciadores utilizados na reação serem aleatórios e não visarem regiões específicas do ADN. Isto resulta na amplificação de um grande número de fragmentos que são específicos do ADN genómico da amostra a ser testada. Os fragmentos amplificados são depois separados por eletroforese em gel e visualizados para identificar regiões polimórficas no ADN. O RAPD é uma técnica útil para identificar a variabilidade genética no interior das populações, para identificar impressões digitais de organismos e para estudar as relações genéticas entre diferentes organismos.

Procedimento

Segue-se o procedimento passo a passo para efetuar RAPD:

1. Recolha amostras de ADN dos organismos que pretende estudar. Certifique-se de que extrai ADN de alta qualidade utilizando um método de extração adequado.
2. Preparar a mistura de reação de PCR adicionando o ADN modelo, os primers, a Taq polimerase e outros

componentes necessários nas proporções corretas. Misturar bem a mistura de reação.

3. Preparar a amplificação por PCR colocando a mistura de reação num termociclador. Executar a reação de PCR durante o número de ciclos especificado, com condições de temperatura e tempo adequadas.

4. Uma vez concluída a amplificação da PCR, visualizar os fragmentos de ADN amplificados colocando os produtos da reação num gel de agarose. Corar o gel com um corante adequado e visualizar as bandas sob luz UV.

5. Analisar os padrões de bandas RAPD, comparando os padrões de bandas de diferentes amostras de ADN. A presença ou ausência de bandas específicas pode ser utilizada para identificar variações genéticas entre os organismos estudados.

6. Interpretar os resultados da análise RAPD com base nos padrões de bandas obtidos. Utilizar ferramentas estatísticas adequadas para analisar e comparar os resultados.

7. Registar os resultados da análise RAPD e documentá-los de forma clara e concisa.

8. Tirar conclusões com base nos resultados da análise RAPD e no seu significado para a questão ou objetivo da investigação.

9. Repetir a experiência RAPD, se necessário, para confirmar os resultados ou para responder a quaisquer questões de investigação adicionais.

Polimorfismo de Comprimento de Fragmento Amplificado

O Polimorfismo de Comprimento de Fragmentos Amplificados (AFLP) é uma técnica baseada na PCR que combina a utilização de enzimas de restrição e a amplificação selectiva de fragmentos utilizando iniciadores específicos. O padrão resultante de fragmentos amplificados pode ser utilizado para identificar diferenças entre indivíduos ou populações.

Princípio

O Polimorfismo de Comprimento de Fragmento Amplificado (AFLP) é uma técnica de genética molecular utilizada para estudar a variação genética em diferentes organismos. O princípio do AFLP envolve a utilização da amplificação selectiva por PCR de fragmentos de ADN genómico flanqueados por sítios de restrição, seguida da separação destes fragmentos por eletroforese e da deteção por autoradiografia ou fluorescência. A AFLP permite a deteção de milhares de polimorfismos de ADN de uma só vez, fornecendo uma impressão digital genética de alta resolução do indivíduo ou da população em estudo. Esta técnica é amplamente utilizada em genética populacional, biologia evolutiva, melhoramento vegetal e sistemática molecular.

Procedimento

1. Comece por isolar o ADN do tecido ou organismo de interesse utilizando um protocolo adequado.
2. Cortar o ADN utilizando enzimas de restrição que reconhecem sequências específicas, o que dará origem a

fragmentos de diferentes comprimentos.

3. Adicionar sequências adaptadoras específicas às extremidades dos fragmentos de ADN utilizando ligases.
4. Amplificar os fragmentos de ADN por PCR com iniciadores específicos para o adaptador.
5. Utilizar um conjunto de iniciadores selectivos de PCR para amplificar um subconjunto de fragmentos que contenham o local de reconhecimento da enzima de restrição e a sequência adaptadora.
6. Separar os fragmentos amplificados utilizando a eletroforese em gel e visualizá-los utilizando um método adequado, como a coloração ou a autoradiografia.
7. Analisar os padrões de fragmentos resultantes para determinar a variação genética entre as amostras. Isto pode ser feito criando um dendrograma ou efectuando uma análise estatística para agrupar amostras semelhantes.

Chip de ADN e microarrays

Os chips e microarrays de ADN são métodos de elevado rendimento que envolvem a imobilização de milhares de fragmentos de ADN numa superfície sólida e a sua hibridação com sondas marcadas. O padrão de hibridação resultante pode ser utilizado para identificar diferenças na expressão dos genes ou na variação genética entre indivíduos ou populações. Estas técnicas podem ser utilizadas para genotipagem, perfil de expressão genética e outras aplicações em genética e biotecnologia.

Princípio

O princípio do chip de ADN, também conhecido como tecnologia de microarray, baseia-se na capacidade de analisar simultaneamente a expressão ou a sequência de milhares de genes ou sequências de ADN numa única experiência. Um chip de ADN é uma pequena lâmina de vidro ou um chip de silício no qual foram imobilizados milhares de pontos microscópicos ou sondas, cada um dos quais contém uma sequência de ADN única. As amostras que contêm fragmentos de ADN são marcadas com corantes fluorescentes e hibridizadas com as sondas no chip. A intensidade do sinal de fluorescência é então medida, permitindo aos investigadores identificar quais os genes expressos ou quais as sequências de ADN presentes na amostra. Esta tecnologia é amplamente utilizada na investigação genómica, no diagnóstico e na medicina personalizada.

Procedimento

Realização de procedimentos de ADN e microarray

1. O primeiro passo no procedimento de ADN e microarray é a recolha da amostra. Pode ser sangue, tecido ou qualquer outro material que contenha ADN. Certifique-se de que recolhe uma quantidade suficiente de amostra para a experiência.
2. Após a recolha da amostra, o passo seguinte é isolar o ADN da mesma. Para o efeito, pode utilizar um kit de isolamento de ADN. Siga as instruções do fabricante para extrair o ADN.
3. Uma vez isolado o ADN, é necessário medir a sua concentração utilizando um espetrofotómetro. A concentração de ADN deve estar dentro do intervalo necessário para a experiência de microarray.
4. O passo seguinte consiste em marcar o ADN com corantes fluorescentes. Este processo permitirá que o scanner de microarray detecte a hibridação do ADN na lâmina do microarray.
5. A lâmina de microarray contém milhares de sondas de ADN que podem hibridizar com o ADN marcado. Antes de adicionar o ADN marcado à lâmina de microarray, lavar a lâmina com solução tampão para remover quaisquer impurezas.
6. Adicionar o ADN marcado à lâmina de microarray e incubar durante várias horas. Durante este tempo, o ADN marcado hibridiza-se com as sondas complementares na lâmina.
7. Após a incubação, digitalizar a lâmina de microarray utilizando um scanner de microarray. O scanner irá detetar as sondas de ADN hibridizadas e fornecer-lhe os dados.
8. Depois de digitalizar a lâmina de microarray, obterá um

ficheiro de dados que contém informações sobre os padrões de hibridação. Analise estes dados utilizando ferramentas de bioinformática para determinar os níveis de expressão dos genes ou as variações genéticas.

9. Com base na análise dos dados do microarray, é possível interpretar os resultados e tirar conclusões. Esta informação pode ser utilizada para diagnosticar doenças, estudar variações genéticas ou desenvolver novos medicamentos.

10. Por último, incluir todos os dados e análises estatísticas pertinentes para tirar conclusões precisas.

Vantagens

1. O chip de ADN e a tecnologia de microarray permitem a análise simultânea de milhares de genes numa única experiência, o que o torna um método altamente eficiente e económico.

2. Os chips de ADN e os microarrays são altamente precisos na deteção dos níveis de expressão genética, permitindo aos investigadores obter dados altamente precisos e fiáveis.

3. As pastilhas de ADN e os microarrays permitem aos investigadores realizar experiências muito mais rapidamente do que os métodos tradicionais, poupando tempo e recursos.

4. Os chips de ADN e os microarrays produzem grandes quantidades de dados, permitindo aos investigadores analisar a expressão de milhares de genes numa única experiência.

Desvantagens

1. Os chips de ADN e os microarrays apenas fornecem informações sobre a expressão dos genes que estão incluídos no array, pelo que podem não ser adequados para estudar genes que não estão presentes no array.
2. O custo das pastilhas de ADN e dos microarrays pode ser elevado, especialmente se forem necessários arrays personalizados.
3. A interpretação das grandes quantidades de dados produzidos por pastilhas de ADN e microarrays pode ser um desafio e requer competências avançadas de análise de dados.
4. A tecnologia utilizada nos chips de ADN e nos microarrays pode ser complexa e requer equipamento e conhecimentos especializados para efetuar experiências e interpretar dados.

Biblioteca genómica

Uma biblioteca genómica é uma coleção de fragmentos de ADN que representam o genoma completo de um organismo. Os fragmentos são geralmente clonados num vetor adequado, como um bacteriófago ou plasmídeo, e transformados em bactérias para criar várias cópias. A biblioteca genómica constitui um recurso valioso para o estudo da composição genética de um organismo e é utilizada em várias aplicações, como a sequenciação do genoma, a identificação de genes causadores de doenças e o desenvolvimento de novos medicamentos.

Princípio

O princípio da Biblioteca Genómica consiste em criar uma coleção de fragmentos de ADN clonados que representam o genoma completo de um organismo. Estes fragmentos clonados podem então ser utilizados para estudar o genoma e identificar genes específicos, as suas funções e as suas interações. Isto é feito fragmentando aleatoriamente o genoma, clonando cada fragmento num vetor e depois transformando os vectores em células hospedeiras. A biblioteca de fragmentos clonados resultante pode ser analisada para isolar e estudar genes específicos de interesse. O princípio da biblioteca genómica é fornecer uma representação abrangente do genoma para análise funcional e é uma ferramenta valiosa para a investigação genética.

Procedimento

1. Em primeiro lugar, isolar da amostra ADN genómico de elevada qualidade e peso molecular. Isto pode ser feito

utilizando kits comerciais ou utilizando um protocolo como a extração com fenol-clorofórmio ou a extração orgânica.

2. Em seguida, cortar o ADN genómico isolado em fragmentos mais pequenos utilizando enzimas de restrição. A escolha das enzimas de restrição dependerá do tamanho e complexidade do genoma e do tamanho desejado da biblioteca.

3. Os fragmentos de ADN cortados são então separados por tamanho utilizando a eletroforese em gel. O tamanho do fragmento alvo para a biblioteca deve estar dentro do intervalo do tamanho da inserção do vetor de clonagem.

4. Os fragmentos selecionados são então ligados a um vetor de clonagem adequado. O vetor de clonagem deve ter os elementos necessários para a replicação em bactérias e conter um marcador de seleção.

5. Os vectores ligados são então transformados num organismo hospedeiro, como a E. coli. O organismo hospedeiro absorve o vetor e replica os fragmentos de ADN, criando um grande número de cópias.

6. Os organismos hospedeiros transformados são então cultivados em meios selectivos para identificar aqueles que contêm o vetor com o fragmento de ADN de interesse. Estes clones são então analisados utilizando técnicas como a hibridação, a PCR ou a análise de restrição.

7. O fragmento de ADN de interesse é então sequenciado utilizando técnicas como a sequenciação Sanger, a sequenciação de nova geração (NGS) ou a sequenciação de todo o genoma. O processo de sequenciação determina a ordem dos pares de bases de ADN no fragmento,

fornecendo informações sobre a sequência genética.

8. Os dados gerados pelo processo de sequenciação são depois analisados para identificar o gene e a sua função. Esta informação pode ser utilizada para compreender melhor a biologia do organismo e o seu papel em vários processos.

Vantagens

1. Uma biblioteca genómica fornece uma representação abrangente da informação genética de um organismo.

2. Permite a identificação de todos os genes presentes no genoma de um organismo.

3. Facilita o estudo das funções e interações dos genes individuais.

4. Pode ser utilizado para o rastreio genético e o diagnóstico de doenças.

5. Constitui uma ferramenta útil para a engenharia genética e a biotecnologia.

6. Pode ser utilizado para estudar os padrões de expressão dos genes, a regulação dos genes e os efeitos das mutações.

Desvantagens

1. O processo de criação de uma biblioteca genómica é complexo, moroso e dispendioso.

2. A biblioteca genómica pode não ser uma representação completa do genoma, uma vez que algumas regiões podem não ser acessíveis para clonagem.

3. A sequência do genoma pode conter um grande número

de elementos repetitivos ou redundantes, tornando difícil a distinção entre sequências semelhantes.

4. A biblioteca genómica pode não refletir com precisão o estado funcional do genoma, uma vez que as sequências de ADN podem não estar na sua configuração normal e ativa.

5. Existe o risco de contaminação ou rotulagem incorrecta da biblioteca genómica, o que conduz a resultados incorrectos.

6. A biblioteca genómica pode não ser adequada para estudar regiões específicas de interesse, como as que estão envolvidas em processos biológicos complexos.

Biblioteca de cDNA

A biblioteca de cDNA é uma coleção de moléculas de ADN complementar (cDNA) que representam o conjunto completo de genes expressos numa determinada célula ou tecido. O cDNA é sintetizado a partir de moléculas de ARN mensageiro (ARNm) utilizando o processo de transcrição reversa e é depois clonado num vetor para armazenamento e replicação num organismo hospedeiro. A biblioteca de cDNA pode ser utilizada para estudar padrões de expressão génica, para identificar novos genes ou para clonar genes específicos para análise funcional. A biblioteca serve como fonte de material para experiências de biologia molecular e é um recurso valioso para compreender os mecanismos moleculares subjacentes aos processos celulares.

Princípio

O princípio da biblioteca de cDNA baseia-se na transcrição reversa do ARN mensageiro (ARNm) para ADN complementar (ADNc). A biblioteca de cDNA é uma coleção de moléculas de cDNA que representam o conjunto completo de genes expressos numa determinada célula, tecido ou organismo.

O processo de criação de uma biblioteca de cDNA envolve os seguintes passos:

1. Isolamento do ARNm: O ARNm total é extraído do tecido ou célula alvo.

2. Transcrição reversa: O ARNm é transcrito em ARNc através da transcriptase reversa, uma enzima que sintetiza o ADN a partir do ARN.

3. Clonagem: As moléculas de cDNA são então clonadas num vetor adequado, como um plasmídeo ou um fago, para gerar uma biblioteca de clones de cDNA.

4. Seleção: A biblioteca é analisada em busca de clones específicos de cDNA que representem os genes de interesse.

A biblioteca de cDNA pode ser utilizada para várias aplicações, incluindo a análise da expressão genética, a genómica funcional e a identificação de novos genes.

Procedimento

Etapa 1: Isolamento do ARN total

1. Obter uma amostra do tecido que se pretende estudar (por exemplo, cérebro, fígado, músculo).
2. Triturar o tecido até obter um pó fino em azoto líquido.
3. Extrair o ARN total utilizando um kit como o Trizol ou o RNeasy.

Etapa 2: Síntese do cDNA de primeira cadeia

1. Adicionar uma enzima de transcriptase reversa, juntamente com primers aleatórios, à amostra de ARN total.
2. Incubar a mistura a 37° C durante 60 minutos.
3. Parar a reação aquecendo a mistura a 70° C durante 10 minutos.

Etapa 3: Síntese do cDNA de segundo filamento

1. Adicionar uma DNA polimerase, ligase e tampão ao cDNA da primeira cadeia.
2. Incubar a mistura a 16° C durante 2 horas.

3. Parar a reação aquecendo a mistura a 70° C durante 10 minutos.

Etapa 4: Preparação da biblioteca de cDNA

1. Purificar o cDNA utilizando um kit de purificação em coluna.
2. Adicionar enzimas de restrição ao cDNA para cortar o ADN em fragmentos do tamanho desejado.
3. Ligar os fragmentos a vectores (por exemplo, plasmídeos) utilizando uma DNA ligase.
4. Transformar a mistura de ligadura em bactérias como a E. coli.
5. Fazer o rastreio das bactérias para verificar se a transformação foi bem sucedida e selecionar colónias individuais para análise posterior.

Etapa 5: Validação da biblioteca de cDNA

1. Isolar o ADN plasmídico das bactérias transformadas.
2. Amplificar uma porção do cDNA utilizando a PCR.
3. Efetuar a sequenciação do cDNA amplificado para confirmar a presença dos genes alvo.
4. Analisar a biblioteca de cDNA utilizando técnicas como Northern blotting ou qPCR para verificar a qualidade da biblioteca.

Vantagens

1. As bibliotecas de cDNA são utilizadas na sequenciação, uma vez que fornecem uma representação de alta qualidade do mRNA na amostra.
2. As bibliotecas de cDNA são construídas a partir de uma

mistura de espécies de mRNA e fornecem uma cobertura abrangente do transcriptoma.

3. As bibliotecas de cDNA são relativamente fáceis de manusear e podem ser processadas com o equipamento e os procedimentos laboratoriais existentes.

4. As bibliotecas de cDNA fornecem dados consistentes e fiáveis e são menos propensas a erros técnicos do que outros tipos de bibliotecas.

Desvantagens

1. As bibliotecas de cADN nem sempre fornecem uma amostra representativa do transcriptoma, uma vez que apenas podem ser incluídas as transcrições mais abundantes.

2. As bibliotecas de cDNA podem não detetar transcrições raras, em especial as que estão mal representadas no conjunto de mRNA.

3. As limitações técnicas da construção de bibliotecas de cDNA podem afetar a qualidade e a representatividade dos dados obtidos.

4. A construção de bibliotecas de cDNA pode ser dispendiosa e morosa, exigindo equipamento e competências especializadas.

Impressão digital de ADN

A impressão digital de ADN, também conhecida como perfil de ADN, é uma técnica laboratorial utilizada para identificar a informação genética única de um indivíduo. Esta informação é recolhida a partir de uma amostra de ADN de um indivíduo, como sangue, saliva ou cabelo, e comparada com outras amostras de ADN para determinar a probabilidade de uma relação genética entre dois indivíduos. A impressão digital de ADN é utilizada em muitas aplicações, incluindo investigações forenses, testes de parentesco e investigação genealógica.

Princípio

A recolha de impressões digitais de ADN baseia-se no princípio da variação genética. Cada indivíduo tem uma sequência de ADN única, exceto no caso de gémeos idênticos, o que permite identificá-los pelo seu código genético específico. Esta técnica utiliza o polimorfismo de comprimento de fragmentos de restrição (RFLP) para comparar as amostras de ADN de diferentes fontes. No RFLP, são utilizadas enzimas de restrição para cortar o ADN em fragmentos e, em seguida, os fragmentos são separados por eletroforese em gel. O padrão dos fragmentos é único para cada indivíduo e pode ser utilizado para o identificar. O princípio da impressão digital do ADN é utilizado na ciência forense, em testes de paternidade e noutras aplicações em que é necessária a identificação de indivíduos.

Procedimento

A impressão digital de ADN, também conhecida como perfil de ADN, é uma técnica laboratorial utilizada para identificar indivíduos com base nos seus padrões únicos de ADN. Segue-se um procedimento passo a passo para a recolha de impressões digitais de ADN:

1. Obter uma amostra de ADN a partir de fontes como sangue, saliva, sémen, folículos capilares ou células da pele.

2. Separar o ADN dos componentes celulares, como as proteínas e os lípidos, para obter ADN puro.

3. Utilizar a reação em cadeia da polimerase (PCR) para criar muitas cópias de uma região-alvo específica na amostra de ADN.

4. Cortar o ADN amplificado em fragmentos utilizando enzimas de restrição, que reconhecem sequências específicas no ADN.

5. Separar os fragmentos por tamanho utilizando um campo elétrico numa matriz de gel. Os fragmentos mais pequenos deslocam-se mais rapidamente e acabam por ficar mais longe do ponto de origem.

6. Transferir os fragmentos separados para uma membrana de nitrocelulose ou de nylon. Fixar o ADN transferido para a membrana utilizando uma solução de cozimento ou luz ultravioleta.

7. Sondar o ADN transferido com uma sonda de ADN complementar marcada para se ligar especificamente ao ADN alvo.

8. Expor a membrana a uma película de raios X para detetar a etiqueta radioactiva na sonda. Isto criará uma impressão digital única para o indivíduo.

9. Comparar a impressão digital de ADN com outras

impressões digitais para determinar se são do mesmo indivíduo.

Vantagens

1. As impressões digitais de ADN constituem um método altamente preciso de identificação de indivíduos com base no seu material genético único. Este facto ajuda a resolver litígios relacionados com a identidade, como em investigações criminais e testes de parentesco.

2. As provas de ADN são consideradas muito fiáveis em tribunal e são frequentemente utilizadas para determinar a culpa ou a inocência. É difícil de adulterar e é considerada uma ferramenta robusta nas investigações criminais.

3. A recolha de impressões digitais de ADN tem sido fundamental na resolução de muitos crimes, incluindo assassínios em série, agressões sexuais e outros crimes violentos. Também pode ser utilizada para eliminar suspeitos, deixando para trás apenas os mais prováveis responsáveis.

4. O processo de recolha de impressões digitais de ADN tornou-se muito mais rápido e eficiente ao longo dos anos, facilitando aos investigadores a identificação rápida de criminosos.

Desvantagens

1. A recolha de impressões digitais de ADN é um processo relativamente dispendioso, especialmente quando comparado com outras formas de prova. Este facto pode dificultar a sua utilização em todos os casos pelas agências

de aplicação da lei e outras organizações.

2. A recolha de impressões digitais de ADN requer equipamento especial e profissionais altamente qualificados. Erros técnicos ou análises incorrectas podem conduzir a resultados falsos e a erros nas investigações criminais.

3. A utilização de impressões digitais de ADN suscita sérias preocupações em matéria de privacidade, uma vez que implica a recolha de informações pessoais sensíveis. Há também preocupações quanto à utilização indevida de amostras de ADN e à possibilidade de discriminação genética.

4. A recolha de impressões digitais de ADN nem sempre é útil em todos os casos. Por exemplo, pode não fornecer resultados se a dimensão da amostra for demasiado pequena ou se estiver degradada devido à idade ou a factores ambientais.

Seleção genética e método de rastreio

Utilização de substratos cromogénicos

A seleção e o rastreio genético através da utilização de substratos cromogénicos é uma técnica habitualmente utilizada em biologia molecular para identificar e selecionar genes ou caraterísticas genéticas específicas. Os substratos cromogénicos são pequenas moléculas que podem ser utilizadas para detetar a presença de uma enzima ou proteína específica. Na seleção e rastreio genéticos, estes substratos são utilizados para identificar células ou organismos que expressam um gene ou caraterística desejados.

Por exemplo, um investigador pode querer identificar células que produzem uma enzima específica que está envolvida numa via metabólica. Pode utilizar um substrato cromogénico que é clivado pela enzima, produzindo um produto colorido. As células que produzem a enzima desejada mostrarão uma mudança de cor, permitindo ao investigador selecionar e isolar essas células.

Esta técnica também pode ser utilizada para detetar mutações ou variações genéticas. Utilizando substratos cromogénicos específicos para diferentes variantes genéticas, os investigadores podem identificar indivíduos ou organismos com determinadas caraterísticas ou mutações genéticas.

De um modo geral, a seleção e o rastreio genético através da utilização de substratos cromogénicos é um instrumento poderoso da biologia molecular que permite a identificação e a seleção de genes e caraterísticas específicas.

Princípio

O princípio da seleção genética e do rastreio através da utilização de substratos cromogénicos implica a utilização de substratos específicos concebidos para interagir com enzimas produzidas por organismos geneticamente modificados (OGM). Estes substratos são frequentemente codificados por cores, de modo que a presença de uma determinada cor indica a presença da enzima ou da caraterística genética desejada.

Neste processo, os cientistas modificam o ADN de um organismo para produzir uma enzima específica que pode ser detectada através da utilização de um substrato cromogénico. Em seguida, introduzem o organismo modificado numa cultura ou ambiente que contém o substrato. Se o organismo produzir a enzima desejada, esta irá interagir com o substrato e produzir uma mudança de cor, permitindo aos investigadores identificar e selecionar os organismos que possuem a caraterística genética desejada.

Este processo é normalmente utilizado na biotecnologia para identificar e selecionar organismos que foram geneticamente modificados para fins específicos, como a produção de produtos farmacêuticos, enzimas ou outros produtos valiosos. É uma ferramenta poderosa para a engenharia genética e revolucionou o domínio da biotecnologia.

Procedimento

1. Preparar uma cultura dos microrganismos que se pretende selecionar ou rastrear. Certifique-se de que cultiva a cultura em condições que favoreçam a expressão do fenótipo

desejado.

2. Selecionar um substrato cromogénico adequado que produza um produto colorido quando a enzima ou proteína em causa actua sobre ele. Preparar o substrato de acordo com as instruções do fabricante.

3. Adicionar o substrato cromogénico preparado à cultura que contém os microrganismos. Certificar-se de que o substrato é adicionado a uma concentração suficiente para detetar o fenótipo desejado.

4. Incubar a cultura à temperatura adequada e durante o período de tempo necessário para permitir a ocorrência da reação enzimática desejada.

5. Observar a cultura para detetar a presença de colónias ou áreas coloridas. O desenvolvimento da cor indicará a presença da enzima ou proteína de interesse e, por conseguinte, o fenótipo que está a selecionar ou a detetar.

6. Confirmar a presença do fenótipo desejado através da realização de outros testes, tais como análises genéticas ou ensaios bioquímicos.

7. Se necessário, repetir o processo com substratos cromogénicos diferentes ou em condições diferentes para aperfeiçoar o processo de seleção ou de rastreio.

Vantagens

1. A seleção genética e o rastreio com substratos cromogénicos permitem uma análise rápida e fácil de um grande número de amostras.

2. Trata-se de um método económico, que reduz o tempo e o custo da análise.

3. Os substratos cromogénicos são específicos e sensíveis, o que ajuda a identificar os genes visados com elevada precisão.
4. Permite a deteção de mutações na sequência de ADN ou de proteínas que podem ser difíceis de identificar utilizando outros métodos.
5. Trata-se de um método não destrutivo, que pode preservar a amostra para análise posterior.

Desvantagens

1. Os substratos cromogénicos têm limitações na deteção de mutações que ocorrem fora da área-alvo específica.
2. Podem ocorrer falsos positivos e falsos negativos devido à especificidade do substrato cromogénico e ao método utilizado para o rastreio.
3. A interpretação dos resultados pode ser subjectiva, conduzindo a inconsistências na análise.
4. A seleção genética e o rastreio com substratos cromogénicos só podem detetar alterações na sequência do ADN ou da proteína e podem não ser capazes de identificar alterações epigenéticas que influenciam a expressão genética.
5. Pode exigir equipamento e conhecimentos especializados, o que pode limitar a acessibilidade do método a alguns investigadores ou instituições.

Teste de sensibilidade aos antibióticos para deteção de recombinantes

Princípio

Para determinar a capacidade dos organismos para produzir mutantes resistentes, pode ser utilizada uma placa de gradiente de um determinado antibiótico. Este método envolve o crescimento de bactérias numa placa de gradiente, que consiste em duas camadas de meios em forma de cunha, uma camada de nutrientes simples e uma camada superior de antibiótico com uma camada de nutrientes.

O antibiótico é adicionado como uma camada superior à camada inferior, o que produz um gradiente de ágar de concentração de antibiótico de baixa para alta. A estreptomicina é utilizada para criar a placa de gradiente.

A E. Coli, que é normalmente sensível à estreptomicina, será espalhada sobre a superfície das placas e incubada durante 24 a 72 horas.

Após a inoculação, aparecerão colónias nos gradientes. As colónias que se desenvolvem na concentração elevada são resistentes à ação da estreptomicina e são consideradas mutantes resistentes à estreptomicina.

Para o isolamento do crescimento resistente aos antibióticos, os antibióticos normalmente utilizados são a rifampicina, a estreptomicina e a eritromicina.

Estoque

NAM

Placas de Petri

Vareta de vidro

Tubo de ensaio esterilizado

Zaragatoa esterilizada

Estreptomicina

Procedimento

1. Verter 50 ml de ágar nutriente numa placa de Petri esterilizada e deixar o meio solidificar numa posição vertical, colocando uma vareta de vidro sob um dos lados.

2. Quando o meio de ágar estiver solidificado, retirar a vareta de vidro e colocar a placa na posição horizontal.

3. Deitar ágar nutriente com solução de estreptomicina (100 gm/ml) na placa de Petri.

4. Deixar o meio solidificar.

5. Rotular as áreas de baixa e alta concentração de antibióticos no fundo da placa de Petri.

6. Pipetar 200 ml de cultura de 24 horas para a placa de gradiente.

7. Incubar a placa numa posição invertida a 37° C durante 48-72 horas.

8. Observar a placa quanto ao aparecimento de colónias na área de baixa concentração de estreptomicina (LSC) e alta concentração de estreptomicina (HSC).

Método alternativo

1. Pegar numa ansa e tocar no topo de 3-5 colónias do mesmo tipo de organismos da placa de cultura primária para preparar o inóculo.

2. Transferir o crescimento para um tubo com solução salina.

3. Ajustar a densidade da suspensão de teste à turbidez padrão, adicionando bactérias ou solução salina estéril. Comparar a turvação do tubo com a do padrão.

4. Incubar as placas mergulhando uma zaragatoa no inóculo e remover o excesso de inóculo.

5. Rodar as placas num ângulo de 60° depois de passar três vezes a zaragatoa sobre a superfície do meio.

6. Passar a zaragatoa à volta do bordo da superfície de ágar.

7. Fechar a tampa e deixar o inóculo secar à temperatura ambiente durante alguns minutos.

8. Colocar os antibióticos nas placas incubadas utilizando um molde, uma ponta de agulha esterilizada ou um dispensador de antibióticos.

Resultado

O método da placa de gradiente produziu resultados bem-sucedidos, com um crescimento menor na região da placa sem antibióticos em comparação com a área de alta concentração de antibióticos.

Notas

- Assegurar que a posição inclinada não é perturbada.
- Assegurar uma pipetagem exacta.
- Observar atentamente as placas incubadas.

Inativação por inserção

A seleção e o rastreio genético através da inativação por inserção é um método de identificação de genes essenciais para o crescimento e a sobrevivência de um organismo. Este método envolve a inserção de uma sequência de ADN, normalmente um transposão, no genoma do organismo. Esta inserção interrompe a função do gene em que se insere. Ao selecionar células que perderam a capacidade de crescer ou sobreviver num determinado ambiente, os investigadores podem identificar os genes que são importantes para essa função. Esta técnica é comummente utilizada no estudo de bactérias e outros microorganismos, bem como na engenharia genética de plantas e animais.

Princípio

O princípio da seleção e rastreio genéticos através da inativação insercional envolve a utilização de técnicas de engenharia genética para inserir uma sequência de ADN (normalmente um gene marcador) numa localização específica do genoma de uma célula ou organismo. Esta sequência de ADN interrompe a função normal do(s) gene(s) nesse local, dando origem a um fenótipo que pode ser selecionado ou rastreado.

Por exemplo, na genética bacteriana, um plasmídeo portador de um gene marcador (como o da resistência a antibióticos) é introduzido numa população de bactérias. As bactérias que absorvem o plasmídeo terão o gene marcador integrado no seu genoma, interrompendo a função de um ou mais genes essenciais. Ao cultivar as bactérias num meio seletivo (contendo o antibiótico), apenas as que possuem o gene marcador sobreviverão e crescerão. Isto permite a seleção de bactérias com fenótipos específicos (por exemplo, resistência a antibióticos).

Na genética eucariótica, podem ser utilizadas técnicas semelhantes para criar ratinhos knockout, em que genes específicos foram interrompidos utilizando genes marcadores. Ao reproduzir estes ratinhos e observar os fenótipos resultantes, os investigadores podem estudar a função destes genes no desenvolvimento e na doença.

Procedimento

1. Comece por identificar o gene que pretende inativar utilizando a mutagénese insercional. Pode ser um gene importante para um determinado processo biológico ou um gene responsável por uma caraterística específica.

2. Conceba uma construção de ADN que possa ser utilizada para inserir um marcador selecionável no gene alvo. A construção deve incluir um marcador selecionável, como a resistência a antibióticos, e um promotor que possa conduzir à expressão do marcador.

3. Introduzir a construção de ADN nas células que se pretende mutar. Isto pode ser feito utilizando uma variedade de técnicas, incluindo a electroporação, a ipofecção ou a transdução viral.

4. Após a introdução da construção de ADN, selecionar as células que incorporaram o marcador selecionável no gene alvo. Isto pode ser feito utilizando um antibiótico selecionável ou outros marcadores selecionáveis.

5. Depois de ter selecionado as células com o marcador inserido, selecione as células que exibem o fenótipo desejado. Este pode ser uma alteração na morfologia, na taxa de crescimento ou noutra caraterística observável.

6. Uma vez identificadas as células com o fenótipo desejado, confirmar que a mutação se deve à inativação insercional do gene alvo. Isto pode ser feito utilizando uma variedade de técnicas, incluindo PCR, sequenciação ou ensaios funcionais.

7. Se necessário, repetir o processo para identificar células adicionais com o fenótipo desejado ou para otimizar a mutação.

8. Finalmente, caraterizar o fenótipo mutante, estudando os efeitos da inativação do gene no processo biológico ou no traço de interesse. Isto pode envolver experiências adicionais, como a análise da expressão genética, ensaios bioquímicos ou estudos em animais.

Vantagens

1. A inativação por inserção é um método eficiente de rastreio genético, uma vez que pode visar um grande número de genes de uma só vez.

2. A inativação por inserção pode ser altamente específica na seleção de genes particulares, permitindo modificações genéticas precisas.

3. O processo de rastreio pode ser relativamente rápido, demorando apenas alguns dias a identificar quais os genes que foram interrompidos.

4. Este método pode ser utilizado numa vasta gama de

organismos, incluindo bactérias, leveduras, plantas e animais.

Desvantagens

1. A inativação por inserção pode ter efeitos fora do alvo (noutros genes), o que pode ter consequências indesejadas.
2. Uma vez que grande parte do genoma continua por caraterizar, é difícil saber quais os genes que são importantes para interromper.
3. A inativação insercional pode também afetar regiões reguladoras que controlam a expressão genética, conduzindo a efeitos imprevisíveis.
4. O processo de criação e seleção de uma grande biblioteca de mutantes pode ser complexo e requerer competências e equipamento especializados.

Complementação de mutações definidas

A seleção e o rastreio genético através da complementação de mutações definidas é um método utilizado para identificar e estudar genes específicos e as suas funções. Esta técnica envolve a indução de mutações numa população de células ou organismos e, em seguida, a seleção ou rastreio das que apresentam um determinado fenótipo de interesse.

A complementação é um processo pelo qual uma cópia funcional de um gene pode restaurar o fenótipo de um mutante com uma cópia não funcional do mesmo gene. Ao introduzir no mutante um plasmídeo ou outro elemento genético que transporta uma versão funcional do gene mutado, os investigadores podem determinar se o fenótipo é restaurado, indicando que o gene é responsável pelo fenótipo.

Este método é normalmente utilizado na investigação genética para identificar as funções de genes desconhecidos, estudar as interações entre genes e desenvolver terapias genéticas. É também utilizado no melhoramento de plantas e animais para selecionar as caraterísticas desejadas.

Princípio

O princípio da seleção genética e do rastreio através da complementação de mutações definidas envolve a utilização de organismos geneticamente modificados para identificar e estudar as funções de genes específicos. Esta abordagem baseia-se na capacidade das células para compensar a perda da função de um gene, complementando-a com uma cópia funcional do gene.

Neste método, uma estirpe mutante com uma mutação definida num gene de interesse é cruzada com outra estirpe que tem uma segunda mutação no mesmo gene, mas num local diferente. A descendência resultante é analisada quanto à complementação, que ocorre quando as duas mutações juntas restauram o fenótipo de tipo selvagem.

Este processo permite aos investigadores identificar e estudar as funções de genes específicos através da análise dos padrões de complementação das estirpes mutantes. Pode também ser utilizado para identificar potenciais alvos de medicamentos, bem como para estudar doenças genéticas e anomalias do desenvolvimento.

Procedimento

1. Escolha o conjunto de mutações que precisam de ser rastreadas para seleção genética. Isto pode incluir um conjunto de mutações geradas aleatoriamente ou um conjunto específico de mutações que se suspeita estarem ligadas a um determinado fenótipo.

2. Gerar uma biblioteca de complementação que contenha um conjunto de plasmídeos ou fragmentos genómicos que expressem cópias de tipo selvagem dos genes mutados. A biblioteca deve ser concebida de forma a abranger todas as mutações que precisam de ser analisadas.

3. Transformar a biblioteca de complementação numa estirpe hospedeira adequada que seja deficiente na função específica que está a ser estudada. Isto é normalmente conseguido através da utilização de uma estirpe

hospedeira que tenha uma deleção ou mutação específica no gene de interesse.

4. Colocar a estirpe hospedeira transformada num meio seletivo que não suporte o crescimento da estirpe hospedeira. Apenas as estirpes transformadas do hospedeiro que expressam as cópias de tipo selvagem dos genes mutados serão capazes de crescer no meio seletivo. Isto deve-se ao facto de as cópias de tipo selvagem complementarem as mutações na estirpe hospedeira.

5. Isolar os plasmídeos que complementam a(s) mutação(ões) de interesse a partir da biblioteca de complementação.

6. Verificar a complementação dos plasmídeos isolados, retransformando-os na estirpe hospedeira original e testando novamente o crescimento nos meios selectivos.

7. Caracterizar os plasmídeos complementares por sequenciação e mapeamento para identificar os genes de tipo selvagem que complementam os genes mutados.

8. Repetir o processo de rastreio com as restantes mutações de interesse até que todas as mutações tenham sido rastreadas e os plasmídeos complementares tenham sido identificados e caracterizados.

9. Analisar os resultados para identificar os genes responsáveis pelo fenótipo observado e compreender melhor a base genética do fenótipo.

Vantagens

1. Este método permite uma seleção e um rastreio muito precisos de mutações específicas. Isto pode ajudar os investigadores a identificar os efeitos de mutações

específicas na função dos genes e nas doenças.

2. É um método muito eficiente em termos de seleção da mutação desejada. Requer um rastreio mínimo e pode identificar rapidamente as mutações necessárias.

3. Uma vez que este método se baseia na complementação, garante um elevado grau de fiabilidade no processo de seleção.

4. O custo da seleção genética e do rastreio através da complementação é relativamente baixo em comparação com outros métodos.

Desvantagens

1. Este método é limitado em termos das mutações que pode selecionar. Só funciona para mutações que podem ser complementadas por um gene de tipo selvagem.

2. Embora este método seja eficiente, pode ser demorado gerar e selecionar as estirpes mutantes.

3. Este método pode resultar na seleção de mutações secundárias inesperadas que podem interferir com a interpretação dos resultados.

4. Requer um grande número de recursos genéticos, tais como estirpes mutantes e genes de tipo selvagem. Estes recursos podem nem sempre estar disponíveis de imediato.

Engenharia de proteínas

Conceção racional

A conceção racional é o processo de criação ou engenharia de proteínas com uma função ou propriedade específica através da conceção ou alteração da sua sequência de aminoácidos. Este processo baseia-se num conhecimento profundo da estrutura e da função das proteínas, bem como nos princípios da biologia molecular e da engenharia genética. A conceção racional envolve a introdução de alterações deliberadas na estrutura e nas propriedades de uma proteína, utilizando métodos computacionais e experimentais para melhorar a sua estabilidade, atividade, seletividade e especificidade. Esta abordagem tem muitas aplicações potenciais em biotecnologia, medicina e outros domínios em que as proteínas desempenham um papel fundamental.

Princípio

A engenharia de proteínas é o processo de criação de proteínas novas ou melhoradas com propriedades funcionais específicas através da manipulação de sequências de aminoácidos. O princípio da conceção racional na engenharia de proteínas envolve a utilização de métodos computacionais e experimentais para conceber e projetar proteínas com funções específicas. Este processo envolve a compreensão da estrutura e função da proteína alvo e a utilização deste conhecimento para conceber novas sequências que possam melhorar ou modificar a sua atividade, especificidade, estabilidade e outras propriedades. A conceção racional na engenharia de proteínas é uma abordagem eficiente e eficaz que pode ser utilizada para criar proteínas com propriedades específicas para uma vasta gama de aplicações, incluindo a biotecnologia, a medicina e a indústria.

Procedimento

1. Identificar a proteína que deve ser objeto de engenharia. Pode ser uma proteína que tenha uma função específica ou que esteja envolvida num processo de doença.
2. Determinar a estrutura tridimensional da proteína através de vários métodos, como a cristalografia de raios X ou a espetroscopia de RMN. Esta etapa é importante para identificar as regiões da proteína que podem ser modificadas sem afetar a sua estrutura global.
3. Identificar o(s) sítio(s) específico(s) da proteína que precisa(m) de ser modificado(s) para atingir a função desejada. Pode ser um sítio ativo ou um sítio de ligação.
4. Escolher a estratégia de conceção adequada com base nos requisitos específicos. As estratégias de conceção racional podem ser classificadas em dois tipos: baseadas na sequência e baseadas na estrutura. A primeira envolve a modificação da sequência de aminoácidos da proteína, enquanto a segunda envolve a modificação da estrutura da proteína através da introdução de novos aminoácidos ou da modificação dos existentes.
5. Conceber a variante da proteína: Utilizar ferramentas de software adequadas para conceber a variante da proteína. Esta etapa envolve a identificação das substituições ou modificações de aminoácidos que precisam de ser efectuadas e a previsão do seu efeito na estrutura e função

da proteína.

6. Testar a variante da proteína in vitro utilizando vários ensaios para determinar a sua função e eficácia. Esta etapa pode envolver a medição da afinidade de ligação ou da atividade enzimática da variante.

7. Otimizar a variante proteica através do ajuste fino das substituições ou modificações de aminoácidos para atingir a função desejada. Esta etapa pode envolver rondas iterativas de testes e otimização.

8. Validar a variante proteica in vivo utilizando modelos animais ou linhas celulares adequados. Esta etapa é importante para determinar a segurança e a eficácia da variante proteica.

9. Uma vez validada a variante da proteína, aumentar a produção da variante para uso clínico ou comercialização. Esta etapa pode envolver o desenvolvimento de um processo de produção que seja económico e escalável.

Vantagens

1. A conceção racional permite um controlo preciso da sequência de aminoácidos e da estrutura 3D da proteína.

2. Pode aumentar a estabilidade de uma proteína, permitindo-lhe resistir a condições ambientais adversas ou a tratamentos químicos.

3. A conceção racional pode melhorar a atividade de uma proteína, tornando-a mais eficaz na sua função pretendida.

4. Pode adaptar as propriedades de uma proteína a aplicações específicas, como a administração de medicamentos, biossensores ou processos industriais.

5. A conceção racional pode reduzir o tempo e os custos associados aos métodos tradicionais de engenharia de proteínas, como a evolução dirigida.

Desvantagens

1. A conceção racional depende de um conhecimento profundo da estrutura e da função da proteína, que pode ser limitado para algumas proteínas.
2. Pode ser complexa e exigir conhecimentos avançados da estrutura e função das proteínas.
3. Pode nem sempre resultar num bom resultado, uma vez que a previsão dos efeitos das mutações pode ser um desafio.
4. Pode ser moroso, especialmente se forem necessárias várias fases de conceção e ensaio para obter as propriedades desejadas.
5. Pode limitar a diversidade de variantes proteicas, uma vez que se centra em alterações específicas da sequência proteica.

Terapia com células estaminais

A terapia com células estaminais de ADN é um avanço revolucionário na ciência médica que tem o potencial de curar doenças que antes eram consideradas incuráveis. As células estaminais são células que se podem dividir e diferenciar em qualquer tipo de célula do corpo. Esta capacidade faz das células estaminais uma ferramenta essencial para a investigação médica, especialmente para o tratamento de várias doenças e condições. Um dos mais recentes avanços neste domínio é a terapia com células estaminais de ADN, que está a ganhar reconhecimento pelo seu potencial para curar doenças que antes eram consideradas incuráveis.

A terapia com células estaminais de ADN é um processo que envolve a reparação ou alteração do ADN das células estaminais para tratar uma doença ou condição específica. Os cientistas descobriram que, ao fazer alterações no ADN das células estaminais, podem alterar a sua função, permitindo-lhes tratar uma série de doenças. Por exemplo, os investigadores desenvolveram técnicas para converter células estaminais em neurónios para tratar doenças neurológicas, como a doença de Parkinson, ou em células cardíacas para tratar doenças do coração. Esta nova tecnologia tem o potencial de revolucionar a forma como tratamos as doenças e de curar algumas das condições mais debilitantes que afectam os seres humanos.

Uma das vantagens mais significativas da terapia com células estaminais de ADN é a sua capacidade de curar doenças a nível genético. Nos tratamentos médicos tradicionais, os medicamentos são utilizados para controlar os sintomas, mas não curam a causa subjacente da doença. Com a Terapia com Células Estaminais de ADN, no entanto, é possível tratar a causa da doença, oferecendo uma cura para muitas doenças que antes eram consideradas incuráveis. Esta tecnologia tem o potencial de curar doenças como o cancro, doenças cardíacas e muitas outras, o que a torna um avanço revolucionário na ciência médica.

Outra vantagem da terapia com células estaminais de ADN é a sua segurança e eficácia. As células estaminais são células naturais do corpo e, como tal, não causam quaisquer efeitos adversos. Além disso, uma vez que as células estaminais se auto-renovam, podem proporcionar uma cura duradoura para a doença. Isto faz da terapia com células estaminais de ADN um tratamento muito procurado, uma vez que oferece uma cura segura e eficaz para muitas doenças. Com a investigação e os avanços contínuos, é apenas uma questão de tempo até que a Terapia com Células Estaminais de ADN se torne uma opção de tratamento comum para muitas doenças.

Procedimento

1. Recolher as células estaminais do doente ou de um dador. Isto pode ser feito através de uma biopsia ou de uma amostra de sangue do cordão umbilical. As células recolhidas são depois isoladas e cultivadas num laboratório em condições estéreis.
2. As células estaminais isoladas são depois multiplicadas ou expandidas em laboratório. Normalmente, isto é feito através da cultura das células em meios especiais com factores de crescimento e nutrientes específicos.

3.   As células estaminais expandidas são depois caracterizadas para determinar o seu tipo e qualidade. Para o efeito, são utilizadas várias técnicas, como a citometria de fluxo, a imunofenotipagem e a análise molecular.

4.   As células estaminais caracterizadas são então preparadas para utilização terapêutica. Isto envolve a seleção das células adequadas, modificando-as conforme necessário, e processando-as para obter uma dose adequada para transplante.

5.   As células terapêuticas preparadas são então administradas ao doente por via intravenosa ou diretamente no local da lesão ou doença.

6.   O doente é então monitorizado para detetar quaisquer reacções adversas ou alterações no seu estado. Isto é feito através de exames de controlo regulares e de estudos imagiológicos.

7.   O sucesso da terapia com células estaminais é avaliado ao longo do tempo, monitorizando a resposta do doente e comparando-a com a linha de base. Isto é feito através de avaliações clínicas e imagiológicas, e medindo a qualidade de vida e o estado funcional do doente.

Genética inversa

A genética reversa é uma técnica que envolve a manipulação da sequência de ADN ou ARN de um gene ou organismo para compreender a sua função ou fenótipo. Esta técnica envolve começar com uma sequência genética conhecida e depois modificá-la de alguma forma para observar os efeitos resultantes no organismo. Esta abordagem pode ser utilizada para estudar a função de genes individuais ou para identificar o papel de vias genéticas específicas em processos biológicos. A genética inversa é habitualmente utilizada na investigação para criar modelos de genes "knockout" ou "knockdown" ou para introduzir mutações no genoma de um organismo para estudar os seus efeitos. É uma ferramenta poderosa para estudar a base genética das doenças e para desenvolver novos tratamentos e terapias.

Princípio

O princípio da genética inversa consiste em trabalhar no sentido inverso, partindo de uma sequência genética para os seus efeitos funcionais, em vez de começar com um fenótipo ou caraterística observável e tentar identificar a causa genética subjacente. Esta abordagem permite aos investigadores identificar novos genes e vias envolvidas na doença e noutros processos biológicos, bem como desenvolver terapias e tratamentos específicos com base neste conhecimento.

Procedimento

1. Identificar a sequência do gene que se pretende modificar no genoma e obter a sua sequência de ADN.

2. Utilizando técnicas de biologia molecular, clonar a sequência do gene alvo num vetor plasmídico ou viral.

3. Introduzir a molécula de ADN recombinante nas células hospedeiras utilizando métodos de transfecção ou de transformação.

4. Fazer o rastreio das células transfectadas ou transformadas para identificar as que têm a modificação genética desejada. Pode utilizar marcadores moleculares, fluorescência ou genes de resistência a antibióticos para identificar clones positivos.

5. Cultivar os clones positivos para obter uma quantidade suficiente de células para análises ou experiências posteriores.

6. Analisar a modificação genética da sequência do gene alvo por sequenciação, PCR ou outras técnicas de biologia molecular.

7. Observar e medir quaisquer alterações no fenótipo das células ou organismos modificados. Isto pode incluir alterações na taxa de crescimento, morfologia ou propriedades bioquímicas.

8. Verificar se o fenótipo observado é causado pela modificação genética da sequência do gene alvo e não por outros factores.

9. Aplicar os resultados para estudar a função biológica da sequência genética modificada, ou para desenvolver novas terapias ou tratamentos para doenças genéticas.

Vantagens

1. A genética inversa permite aos investigadores identificar a

função de um determinado gene. Ao silenciar ou anular um gene, os investigadores podem determinar qual a sua função no organismo.

2. A genética inversa permite a manipulação de genes específicos. Permite aos investigadores manipular genes específicos, permitindo-lhes estudar o efeito das alterações genéticas.

3. A genética inversa é uma forma rápida e precisa de analisar a função dos genes. Permite a criação de organismos geneticamente modificados (OGM) num curto espaço de tempo.

Desvantagens

1. Uma das principais preocupações com a genética inversa são as considerações éticas. A manipulação dos genes de um organismo pode ser vista como uma adulteração da natureza e pode suscitar preocupações éticas.

2. A genética inversa é um processo tecnicamente exigente que requer conhecimentos significativos e equipamento especializado. Este facto pode dificultar a utilização eficaz deste método por alguns investigadores.

3. A manipulação de um gene pode levar a consequências indesejadas difíceis de prever. Estas podem incluir alterações na fisiologia geral do organismo, que podem ter efeitos negativos na sua saúde e bem-estar.

Tecnologia transgénica

A tecnologia transgénica, também conhecida como engenharia genética, é um processo de modificação da composição genética de um organismo através da adição ou remoção de genes. Envolve a introdução de genes estranhos ou sequências de ADN no genoma de um organismo, alterando assim as suas caraterísticas genéticas. Esta tecnologia tem o potencial de aumentar a produção de alimentos, medicamentos e outros produtos valiosos, bem como de melhorar a resistência das culturas a pragas, doenças e stresses ambientais. No entanto, também suscita preocupações éticas e de segurança relacionadas com o impacto dos organismos geneticamente modificados na saúde humana e no ambiente.

Plantas transgénicas

1. O primeiro passo é isolar o gene de interesse, que será utilizado para o processo de transformação. Este gene pode ser isolado de outra planta ou sintetizado em laboratório.
2. O passo seguinte é construir um vetor que transportará o gene desejado para a célula vegetal alvo. Os vectores mais utilizados são os plasmídeos, que são pequenas moléculas circulares de ADN.
3. Uma vez construído o vetor, é necessário introduzi-lo na célula vegetal alvo. Isto é feito através de um processo chamado transformação, que pode ser realizado através de vários métodos, como a transformação mediada por Agrobacterium, a electroporação ou o bombardeamento de partículas.

4. Após a transformação, as células vegetais têm de ser analisadas para detetar a presença do transgene. Isto é feito através de um processo de seleção, no qual as células que incorporaram o transgene são identificadas e isoladas.

5. Uma vez isoladas as células transgénicas, é necessário transformá-las em plantas adultas. Isto é feito através de um processo de regeneração, que envolve a cultura das células transgénicas em meios ricos em nutrientes até formarem rebentos e raízes.

6. Finalmente, as plantas transgénicas são caracterizadas para determinar se a caraterística desejada foi introduzida com sucesso. Isto é feito através de várias técnicas analíticas, como a sequenciação do ADN, a PCR quantitativa e a análise fenotípica.

7. Uma vez que as plantas transgénicas tenham sido caracterizadas com sucesso, podem ser testadas em ensaios de campo para determinar o seu desempenho em condições naturais.

Animais transgénicos

Os animais transgénicos são animais cuja composição genética foi alterada através da inserção, eliminação ou substituição de genes específicos, utilizando a tecnologia do ADN recombinante. Estes animais podem ser criados através de uma variedade de métodos, tais como a microinjecção, em que um gene é diretamente inserido no óvulo fertilizado de um animal, ou a transferência nuclear de células somáticas, em que o núcleo de uma célula de um animal adulto é transferido para um óvulo cujo núcleo foi removido.

Os animais transgénicos têm uma vasta gama de aplicações em vários domínios, como a agricultura, a medicina e a biotecnologia. Na agricultura, podem ser criados animais transgénicos mais resistentes a doenças e capazes de produzir mais leite, carne ou outros produtos. Na medicina, os animais transgénicos podem ser utilizados como modelos de doenças humanas e para a produção de proteínas terapêuticas. Na biotecnologia, os animais transgénicos podem ser utilizados para a produção de enzimas e outros produtos industriais.

Uma das aplicações mais comuns é a produção de ratinhos transgénicos, que são amplamente utilizados como organismo modelo para doenças humanas. Estes ratos são geneticamente modificados para transportarem um gene humano específico que está associado a uma doença, como o cancro ou a doença de Alzheimer. Estes ratinhos podem então ser utilizados para estudar a doença e testar potenciais terapias. Os animais transgénicos também têm sido utilizados para produzir proteínas humanas, como os factores de coagulação, que são utilizados para tratar pessoas com doenças genéticas como a hemofilia.

Embora os animais transgénicos tenham muitos benefícios potenciais, existem também preocupações quanto à sua segurança e ética. Algumas pessoas pensam que a modificação dos genes dos animais pode causar danos não intencionais ao ambiente e à saúde humana. Por isso, é importante que estejamos atentos ao seu futuro e que nos certifiquemos de que é devidamente regulamentado.

1. O primeiro passo no desenvolvimento de um animal transgénico é identificar o gene específico de interesse que

será utilizado para modificar o animal. Este gene pode ser isolado de uma variedade de fontes, incluindo outros animais, plantas ou bactérias.

2. Uma vez isolado o gene, este deve ser clonado num plasmídeo, que é um pequeno pedaço circular de ADN. Este processo assegura que o gene está disponível em grandes quantidades para utilização posterior.

3. Em seguida, é criada uma construção, que é um vetor que contém o gene de interesse juntamente com elementos reguladores que garantem que o gene é expresso no animal. Esta construção é introduzida em células, como as células estaminais embrionárias.

4. O passo seguinte consiste em introduzir a construção nas células que serão utilizadas para criar o animal transgénico. Isto pode ser feito através de uma variedade de métodos, incluindo microinjecção ou electroporação.

5. As células transgénicas são depois utilizadas para criar animais transgénicos através de um processo conhecido como injeção de blastocistos. Neste processo, as células são injectadas num blastocisto em fase inicial, que é depois implantado numa mãe de aluguer.

6. Em seguida, a descendência da mãe substituta é analisada para detetar animais transgénicos bem sucedidos. Isto é feito através da análise do ADN do animal para confirmar que o gene de interesse foi integrado no genoma do animal.

7. Finalmente, analisar o fenótipo dos animais transgénicos para determinar os efeitos do transgene no desenvolvimento e comportamento do animal. Este

processo inclui a monitorização do crescimento, desenvolvimento e saúde geral do animal.

8. Os animais transgénicos produzidos podem ser utilizados para investigação adicional ou podem ser criados para criar uma linha de animais que contenham o transgene. Isto requer a manutenção e gestão contínuas dos animais, incluindo a monitorização regular da sua saúde e desenvolvimento.

Tampões e reagentes

ACES Buffer

ACES 0.01 M
NaCl 137 mM
KCl 2.7 mM
Na_2HPO_4 10 mM
KH_2PO_4 1.8 mM

Ampicillin

(2S,5R,6R)-6-[(R)-(-)-2-Amino-2-phenylacetamido]-3,3-
dimethyl-7-oxo-4-thia-1-azabicyclo[3.2.0]heptane-2-
carboxylic acid.

Bovine Serum Albumin (BSA)

A globular protein composed of 583 amino acids.

Ethidium Bromide

$C_{20}H_{14}N_2Br_2$

A fluorescent intercalating agent used for the detection of
nucleic acids in gel electrophoresis.

GelRed

It's a proprietary formulation - a fluorescent nucleic acid stain
used in gel electrophoresis

Glycine Buffer

Glycine 0.01 M
NaCl 137 mM
KCl (2.7 mM)

Na$_2$HPO$_4$ (10 mM)

KH$_2$PO$_4$ (1.8 mM)

HEPES Buffer

HEPES 10 mM

NaCl 137 mM

KCl (2.7 mM

Na$_2$HPO$_4$ 10 mM

KH$_2$PO$_4$ 1.8 mM

IPTG

Isopropyl-beta-D-thiogalactopyranoside - a chemical used to induce the expression of genes in bacteria that contain a lac promoter.

Kanamycin

(2S,3R,4R,5R,6S)-6-[(2S,3S,4S,5R)-4-amino-5-hydroxy-2-(hydroxymethyl)-3-[[(2S,3S,4S,5R,6R)-5-amino-2-(hydroxymethyl)-6-[[(2R,3R,4R,5S,6S)-3,4,5-trihydroxy-6-(hydroxymethyl)oxan-2-yl]oxy]-4-carbamoyloxy-3-carboxy-4-carbamoyloxy-4,5-dihydroxyoxan-2-yl]oxy-6-carbamoyloxyoxan-3-yl]oxy]tetrahydro-2-furanone - an aminoglycoside antibiotic used to select for cells containing a plasmid with a kanamycin resistance gene.

LB Broth

Peptone

yeast extract

NaCl in a buffered solution

a rich medium used for growing bacteria in culture.

MES Buffer

MES 0.01 M
NaCl 137 mM
KCl 2.7 mM
Na_2HPO_4 10 mM
KH_2PO_4 1.8 mM

PBS-T

Phosphate-buffered saline (PBS) 0.1 M
Tween-20 0.05%

Phosphate Buffered Saline (PBS)

NaCl 137 mM
KCl 2.7 mM
Na_2HPO_4 10 mM
KH_2PO_4 1.8 mM

Ripa Buffer

NaCl 150 mM
Tris-base 50 mM
Nonidet P-40 1%
Sodium deoxycholate 0.5%
SDS 0.1%
Protease inhibitor cocktail 1 tablet per 50 ml of buffer

SDS Buffer

Sodium dodecyl sulfate (SDS) 0.1%
Sodium chloride (NaCl) 50 mM
Tris-HCl 50 mM, pH 8.0

Sodium Dodecyl Sulfate (SDS)

$C_{12}H_{25}NaO_4S$ - a detergent used to denature proteins in gel electrophoresis.

TAE Buffer

Tris-base 40 mM
Acetic Acid 1 M
EDTA 0.01 M

Tris-HCl Buffer

Tris-base 0.01 M
HCl 0.1 M

X-Gal

5-bromo-4-chloro-3-indolyl β-D-galactopyranoside - a substrate for beta-galactosidase that turns blue when cleaved, used for detecting gene expression.

Alguns léxicos comuns

Agarose Gel Electrophoresis	This is a technique used to separate DNA fragments based on size. An agarose gel matrix is used to support the DNA during the electrophoresis process.
Agarose	A linear polysaccharide composed of alternating D-galactose and 3, 6-anhydro-L-galactopyranose residues.
Alkaline Phosphatase	A hydrolytic enzyme that cleaves phosphate groups from nucleotides and other phosphorylated compounds.
Ammonium Persulfate	A strong oxidizing agent used as a catalyst in gel electrophoresis; an initiator in polymerase chain reactions.
Ampicillin	A penicillin-based antibiotic used to select bacterial transformants and prevent bacterial growth in cultures.
Antifoam	A chemical agent used to prevent foam formation in cell cultures.
Bacterial strain	A pure culture of bacteria used in biotechnology.
BamHI	A restriction endonuclease that cleaves DNA at a specific recognition site.
Bovine Serum Albumin (BSA)	A protein used as a blocking agent in ELISAs and other immunoassays.
Bromophenol Blue	A pH indicator used in gel electrophoresis to monitor protein migration.
Buffers	Buffers are solutions that help maintain a stable pH during various stages of the genetic

engineering process. Examples include Tris-HCl and phosphate-buffered saline (PBS).

Calcium Chloride — A salt commonly used to increase the stability of enzymes during protein purification.

Carboxy-X-rhodamine (ROX) — A fluorescent dye used as a reference standard in real-time PCR experiments.

Cell culture media — A nutrient-rich solution used to grow cells in a laboratory.

Cellulase — A hydrolytic enzyme that breaks down cellulose, used in the production of biofuels.

Chloramphenicol — An antibiotic used to inhibit bacterial growth in cell cultures and plasmid preparations.

Coomassie Brilliant Blue — A dye used in protein quantification assays.

DAPI (4',6-diamidino-2-phenylindole) — A fluorescent dye used to stain DNA in fluorescence microscopy.

Dextran — A polysaccharide used as a molecular weight marker in electrophoresis.

Dithiothreitol (DTT) — A reducing agent used to protect proteins from oxidation and to prepare protein samples for analysis.

DTT — Dithiothreitol - a reducing agent used to break disulfide bonds in proteins.

Ethanol — A solvent used to inactivate enzymes and sterilize solutions.

Ethidium bromide — This is a DNA-staining dye that intercalates into the DNA molecule, causing it to fluoresce under UV light. Ethidium bromide is often used to visualize DNA fragments after agarose gel electrophoresis.

Gelatin	A protein derived from collagen, used as a coating agent for cell cultures.
Glucose	A sugar used as a carbon source in cell culture media.
Glycerol	A cryoprotectant used to store yeast and bacteria.
Guanidinium Thiocyanate	A chaotropic salt used to lyse cells and solubilize proteins in gene cloning and sequencing experiments.
HEPES (4-(2-hydroxyethyl)-1-piperazineethanesulfonic acid)	A buffering agent used in cell culture media.
Hydrogen peroxide	A chemical used as an oxidizing agent in experiments.
Isopropyl alcohol	An alcohol used for sterilization.
Isopropyl β-D-1-thiogalactopyranoside (IPTG)	A chemical used to induce expression of cloned genes in bacteria.
KCl (Potassium Chloride)	An electrolyte commonly used to stabilize enzymes during protein purification.
L-glutamine	An amino acid commonly used as a supplement in cell culture media.
Ligases	These are enzymes that join together the ends of DNA molecules. They are used to seal the ends of the cleaved DNA after insertion of the foreign gene. Examples of ligases include T4 DNA ligase and E. coli DNA ligase.

Loading buffer	A solution containing a tracking dye, a reducing agent, and a stabilizing agent used to load samples into gels in electrophoresis.
Luria broth	A nutrient-rich broth used to grow bacteria in a laboratory.
Lysis buffer	A solution used to break open cells for DNA extraction.
Lysogeny broth (LB)	A rich growth medium used to cultivate bacteria.
Lysozyme	An enzyme that cleaves the peptidoglycan layer of bacterial cell walls, used in bacterial lysis and purification of bacterial DNA.
Magnesium sulfate	A chemical used to stabilize cell membranes.
Magnesium Chloride ($MgCl_2$)	An electrolyte commonly used in PCR (Polymerase Chain Reaction) and other enzyme-based reactions.
N, N-Dimethylformamide (DMF)	An organic solvent used in chemical synthesis and purification of biopharmaceuticals.
Neomycin	An antibiotic used to inhibit bacterial growth in cell cultures and plasmid preparations.
Nucleic Acid Gel Stains	Fluorescent dyes used to stain DNA and RNA in gel electrophoresis.
PCR reagents	Polymerase chain reaction (PCR) is a method used to amplify specific DNA sequences. Reagents used in PCR include Taq polymerase, dNTPs (deoxynucleoside triphosphates), and primers.
Phenol	A polar solvent used for extraction of RNA, DNA and other biomolecules from tissues.
Phosphate-buffered saline	A buffer solution used as a diluent or washing

(PBS)	solution in many biochemical assays.
Plasmids	These are circular pieces of DNA that are separate from the chromosomal DNA in a cell. They can be used as vectors to introduce foreign DNA into a target organism. Plasmids often contain origin of replication and antibiotic resistance genes.
Polyethylene glycol (PEG)	A polymer used to increase the efficiency of transformation.
Polyvinyl alcohol (PVA)	A polymer used as a gelling agent in electrophoresis.
Ponceau S	A protein stain used in electrophoresis to visualize protein bands and confirm transfer to nitrocellulose or PVDF membranes.
Protease Inhibitors	Compounds used to inhibit the activity of proteases in protein purification and analysis.
Restriction enzymes	These are enzymes that cut DNA at specific sequences, and are often used to cleave DNA in preparation for insertion of a foreign gene. Examples include EcoRI, HindIII, and BamHI. Restriction enzymes are usually composed of proteins.
Sodium chloride (NaCl)	A salt used to adjust the osmotic pressure of solutions.
Sodium Dodecyl Sulfate (SDS)	A detergent used to solubilize proteins in electrophoresis and western blotting.
Sodium Hydroxide	A strong alkaline solution used in the preparation of cell lysates and protein samples.
Sodium Pyruvate	A metabolic intermediate used as a supplement in cell culture media.

Streptomycin	An antibiotic used to select for bacterial transformants.
Tris-acetate-EDTA (TAE) Buffer	A buffering solution commonly used in gel electrophoresis.
Taq polymerase	A protein composed of 5 subunits - a heat stable DNA polymerase commonly used in PCR reactions
Transformation reagents	Transformation is the process of introducing foreign DNA into a target organism. Reagents used in transformation include calcium chloride, heat shock, and electroporation.
Tris Buffer	A buffer solution used as the electrophoresis running buffer in protein SDS-PAGE electrophoresis.
Triton X-100	A non-ionic detergent used in cell lysis and protein solubilization.
Tryptic Soy Agar	A commonly used solid growth medium for bacteria.
Tryptone	A complex protein used as a nitrogen source in growth media.
Yeast extract	A source of vitamins and amino acids used to support the growth of yeast.
Zymolyase	An enzyme used to isolate yeast from its surrounding cell wall.

Referências

Surzycki S. 2000. Basic Techniques in Molecular Biology, Springer.

Fakruddin M, Mannan KS, ChowdhuryA, Mazumdar RM, Hossain MN, Islam S, et al. Nucleic Acid Amplification: Alternative Methods of Polymerase Chain Reaction. J Pharm.

Bioallied Sci. 2013. https://www.neb.com/applications/dna-amplification-pcr- and-qpcr

Mullis KB, 1990. A origem invulgar da reação em cadeia da polimerase. Sci Am 4: 56-61. http://himedialabs.com/TD/HTBM016.pdf

Cox M, Doudna J, O'Donnell M, 2012. Biologia Molecular Genes to Proteins. p.226. http://www.bio-rad.com/en-gu/applications-technologies/pcr-poly- merase-chain-reaction

Chien A, Edgar DB, Trela JM, 1976. Polimerase de ácido desoxirribonucleico do termófilo extremo, Thermus aquaticus. J Bacteriol, 3: 1550-7. https://www.neb.com/tools-and-resources/usage-guidelines/guidelines-for- pcr-optimization-with-onetaq-and-onetaq-hot-start-dna-polymerases

Mcpherson M, Moller S, 2007. PCR. Garland Science.

Roux KH, 1995. Otimização e resolução de problemas em PCR. PCR Methods Appl, 5:185-94.

Rychlik W, Spencer WJ, Rhoads R, 1990. Otimização da temperatura de recozimento para amplificação de ADN in vitro. Nucleic Acids Res, 21: 6409-12.

Cox M, Doudna J, O'Donnell M, 2012. Biologia Molecular Genes para Proteínas. p.226.

Munshi A. Sequenciação de ADN, 2012 - Métodos e Aplicações. InTech.

Recursos online

*   http://www.thermofisher.com/sa/en/home/lifescience/sequencing/san
ger
     - sequenciação/sanger-sequencing-workflow.html

*   https://www.thermofisher.com/pk/en/home/references/ambion-tech-
     support/rna-isolation/tech-notes/total-rna-from-whole-blood-for-
     expression-profiling.html

*   https://www.lerner.ccf.org/gmi/gmb/documents/RNA%20Isolation.pdf

*   http://www3.appliedbiosystems.com/sup/URLRedirect/index.htm?xD
     oD=4 332809

*   https://www.ncbi.nlm.nih.gov/pubmed/17417019

*   http://www.nature.com/nprot/journal/v1/n2/full/nprot.2006.83.html

*   https://www.ncbi.nlm.nih.gov/pubmed/16028681

*   http://openwetware.org/wiki/RNA_extraction_using_trizol/tri

*   http://openwetware.Org/wiki/RNA_extraction#TRIzol_or_tri_followed
     _by_c hloroform_and_precipitation

*   https://lifescience.roche.com/wcsstore/RASCatalogAssetStore/Article
     s/NA PI_Manual_page_166-169.pdfhttp://www.sabiosciences.com/
     newsletter/ RNA.html

*   http://www.gelifesciences.com/webapp/wcs/stores/servlet/CategoryD
     ispl ay?categoryId = 11763andcatalogId =
     10101andproductId=andtop=Yandst oreId = 11765andlangId = -1

*   http://www.thermofisher.com/pk/en/home/life-science/dna-rna-
     purification-analysis/rna- extraction/rna-types/mrna-extraction.html

*   http://www.fastbleep.eom/biology-
     notes/41/122/1216http://cshprotocols.
     cshlp.org/content/2006/1/pdb.prot4455

- http://www.med.upenn.edu/lamitinalab/documents/EthanolPrecipitati ono fDNA.

- http://bitesizebio.com/384/the-basics-how-phenol-extraction-works/http://physiology.med.cornell.edu/faculty/mason/lab/zumbo/file s/ PHENOL- CHLOROFORM.pdf

- http://www.ncbi.nlm.nih.gov/pubmed/9986822

- http://bitesizebio.com/13516/how-dna-extraction-rna-miniprep-kits-trabalho/ http://herpesvirus.tripod.com/research/protoDNA.htm

- http://www.ncbi.nlm.nih.gov/pmc/articles/PMC3792701

- https://www.ncbi.nlm.nih.gov/pubmed/1867860

- https://www.eeb.ucla.edu/Faculty/Barber/Web%20Protocols/Protocol 2.pd f http://www.fastbleep.eom/biology-notes/41/122/1216

- http://www.nature.eom/app_notes/nmeth/2012/120805/pdf/an8507.p df

- http://www.biotype.de/fileadmin/user/Dokumente/20120821_Biotype_ Diff erential_Lysis_SOP.pdf

- http://projects.nfstc.org/pdi/Subject03/pdi_s03_m02_03.htm

- http://www2.le.ac.uk/departments/emfpu/genetics/explained/quantific ati em

- https://www.ncbi.nlm.nih.gov/pubmed/18201813

- https://www.ncbi.nlm.nih.gov/pubmed/7702855

- http://www.fastbleep.com/biology-notes/41/122/1216

- https://www.promega.com/-/media/files/resources/application%20notes/ genetic%20ident ity/an102%20extraction%20and%20isolation%20of%20dna%20from %20b lood%20cards%20and%20buccal%20swabs%20in%20a%2096%20 well%2 Oformat.pdf?la=en

- https://www.gelifesciences.com/gehcls_images/GELS/Related%20C

ontent /Files/1392818611307/litdoc28982222_20140311044843.pdf

- https://worldwide.promega.com/resources/pubhub/enotes/how-do-i-determinar-a-concentração-rendimento-e-pureza-de-uma-amostra/http://www.ncbi.nlm.nih.gov/pubmed/21638536

- https://en.wikipedia.org/wiki/Polymerase_chain_reaction file:///C:/Users/User/Desktop/Polymerase_chain_reaction.svg

- http://link.springer.com/protocol/10.1385%2F1-59259-384-4%3A3

- https://www.ncbi.nlm.nih.goV/pubmed/2999980http://www.nobelprize.or g/nobel_prizes/chemistry/laureates/1993/mullis-lecture.html

- http://www.ncbi.nlm.nih.gov/tools/epcr/

- https://www.thebalance.com/what-are-restriction-enzymes-375674

- http://medicine.jrank.org/pages/2779/Restriction-Enzymes-Use-Restriction-Enzymes-in- Biotechnology.html

- https://www.thermofisher.com/sa/en/home/life-science/cloning/cloning- learning- center/invitrogen-school-of-molecular-biology/molecular- cloning/restriction- enzymes/restriction-enzymes-genome-mapping.html

- http://www.bio.davidson.edu/genomics/method/Southernblot.html

- https://en.wikipedia.org/wiki/Southern_blot

- https://askabiologist.asu.edu/southern-blotting

- https://www.mun.ca/biology/scarr/Gr12-18.html

- http://www.bio.davidson.edu/courses/genomics/method/northernblot.ht ml

- https://www.thermofisher.com/pk/en/home/life-science/dna-rna-purificação-análise/nucleic-acid-gel-electrophoresis/northern-blotting.html

- http://www.nature.com/scitable/definition/northern-blot-287

- https://en.wikipedia.Org/wiki/Western_blothttp://www.ncbi.nlm.nih.go v/p mc/articles/PMC3456489/

- https://www.thermofisher.com/pk/en/home/life-science/protein- biology/protein-biology-learning-
- center/protein-biology-resource-library/pierce-protein-methods/overview-western-blotting.html
- https://www.abdserotec.com/western-blotting.html
- http://www.bio-rad.com/en-us/applications-technologies/introduction-western-blottinghttp://www.nature.com/scitable/definition/western-blot-288http://www.bio.davidson.edu/courses/genomics/method/westernbl ot. html.

Printed by Books on Demand GmbH, Norderstedt / Germany